◆ 青少年感恩心语丛书 ◆

奉献是幸福的

◎战晓书　编

吉林人民出版社

图书在版编目(CIP)数据

奉献是幸福的 / 战晓书编. -- 长春 : 吉林人民出
版社, 2012.7

(青少年感恩心语丛书)

ISBN 978-7-206-09124-7

Ⅰ.①奉… Ⅱ.①战… Ⅲ.①人生哲学 – 青年读物②
人生哲学 – 少年读物 Ⅳ.①B821-49

中国版本图书馆 CIP 数据核字(2012)第 150859 号

奉献是幸福的

FENGXIAN SHI XINGFU DE

编　者:战晓书

责任编辑:郭雪飞　　　　　　　封面设计:七　洱

吉林人民出版社出版 发行(长春市人民大街7548号　邮政编码:130022)

印　　刷:北京市一鑫印务有限公司

开　　本:670mm×950mm　　1/16

印　　张:12.5　　　　　字　　数:150千字

标准书号:ISBN 978-7-206-09124-7

版　　次:2012年7月第1版　　印　　次:2023年6月第3次印刷

定　　价:45.00元

如发现印装质量问题,影响阅读,请与出版社联系调换。

目 录
CONTENTS

老人墙上的照片 / 001

要多为别人鼓掌 / 003

生命的出口 / 006

生命的力度 / 008

门廊里的灯光 / 010

经历便是财富 / 012

互换生命 / 014

信任是一只希望的手 / 016

好人"米粉" / 018

常怀感动，回报他人 / 021

低姿态生活，高境界做人 / 026

感谢你的敌人 / 030

快乐涨价 / 032

成长善良 / 033

有那么一刻，我感到很幸福 / 034

春天里最动人的话语 / 037

目 录
CONTENTS

素未谋面 / 040

请你离开我 / 043

最长的短信，最深的爱 / 045

爱的接力棒 / 047

把一切都交给爱吧 / 050

听你的啼哭像天籁 / 055

奇迹值多少钱 / 058

报恩以乐 / 061

父爱助他练就模仿达人 / 064

感谢一路有你 / 067

挺直腰杆做人 / 071

母爱的高度 / 075

为那些我们不认识的人打拼 / 078

你的价值 / 081

常理的就是幸福的 / 083

心安比富贵更重要 / 086

目 录
CONTENTS

不要疏远落魄的朋友 / 089

活出一个好人格 / 094

错过不是过错 / 097

还　情 / 100

善良的"熊猫姑娘" / 103

我只是一个普通人 / 106

让我的爱融进你的生命 / 109

青春的一抹孝痕 / 112

何炅的坚持 / 115

幸福的对象 / 118

烈火真英雄 / 121

一只鸡蛋的温暖 / 123

突如其来的生命奇迹 / 127

有爱就有光明和幸福 / 130

爱的姿势 / 142

寿衣没有装钱的口袋 / 145

目录

CONTENTS

人人都有奋勇的本能　　　　　　　　/ 147

幸福"加减法"　　　　　　　　　　/ 150

兄弟的手扶我上路　　　　　　　　　/ 154

人生在世比什么　　　　　　　　　　/ 160

姊妹情深　　　　　　　　　　　　　/ 164

献出爱心与真情　　　　　　　　　　/ 167

残疾女和她支撑的两个苦难家庭　　　/ 171

工作着是美丽的　　　　　　　　　　/ 185

你是妈的天　　　　　　　　　　　　/ 187

3700公里顺风车　　　　　　　　　　/ 190

老人墙上的照片

采访一位85岁高龄的老人，老人的故事感动着年轻的我。

老人过去是个军人，打过仗，负过伤，复员到地方，当上一名普通的工人。他有一儿一女，女儿在南方工作，儿子一家同他住在一起。

老人的居室不大，很干净，很简朴。室内最显眼的是墙上那幅大照片，照片上的女人30多岁，端庄，漂亮。照片发黄，年代已久。

我问老人，这是你姑娘？

老人用昏花的老眼望着照片，深情地说，她是我的老伴，去世50年了。

刹时，我感慨，敬佩。看来，老人对亡妻情深意切。

老人说，他们是战友，他很爱自己的妻子，她在战场上救过他的命。共和国诞生的前一天，她离开他，要是现在，她不会走，她得的是肺病。

自从妻子去世，他从未新娶，含辛茹苦地拉扯一儿一女。儿女都成了才，成了家，留下孤身的老人。老人说，他不孤独，有妻子

的相片作伴。

50年光阴，岁月老了，人也老了，老人甚至已老得有些神志模糊，可是老人心中的爱却一直年轻。50年来，老人唯一没能忘却的是对妻子的爱，是她给他留下一双儿女。每当生活艰辛，家务繁重之时，他都看一眼照片。照片上的妻子，给他鼓舞，给他力量。50年来，他搬过几次家，从茅草屋、红砖房到住高楼，不论搬到哪，妻子的照片始终留在他的床头墙上，陪伴着他，每当说起妻子，老人总是泪光盈盈。

老人如此单纯，如此恒久地爱一个人，不要表白，不要承诺，这就是忠贞，这就是见证，这就是至死不渝的爱！

人世之间，身边的人不停地来来去去，分分合合。在这个充满物欲的社会，人们在乎的似乎不是天长地久，更在乎"曾经拥有"，共历磨难，慢慢相携变老的爱情已恍如天方夜谭。可是，真爱的光辉一直是存在的，不信，请看老人墙上的照片……

（关向东）

要多为别人鼓掌

生活中不能没有掌声。热情地给别人以赞扬，真诚地给别人以掌声，是抚慰人灵魂的一丝温情，是融化人际龃龉的一束阳光，是净化生活环境的一缕清风。社会实践告诉我们，那些自卑感强、猜疑心重、仇恨感深的人，在孩童时代往往缺少赞扬和掌声的温暖，是冰寒的长期侵蚀风化了他们的健康心灵。很难想象，现实生活要是缺少了掌声，人们将如何面对那一片冷漠的世界。

提倡多为别人鼓掌，其积极意义起码有三：一是掌声能够催人奋进。我们都有这样的体会，小孩学步，尽管开始走得摇摇晃晃，甚至跌跌撞撞，但因为有了大人的鼓励和喝彩，他才能跌倒了再爬起来，一次比一次走得稳，一次比一次走得远。其实，我们每个人也都是这样在"掌声"中走过来的。可以说，有了"掌声"，演员的表演才会更有激情，学生的才思才会更加敏捷，雇员的工作才会更加卖力，战士的冲锋才会更加勇猛，运动员的表现才会更加活跃……从这个意义上说，掌声是催人奋进的"奏鸣曲"。

二是掌声能够激发潜能。前不久，从报上看到这样一则消息，美国一位著名心理学家，到一所小学搞一项心理测试，当场宣布有10名学生智商超群。十多年后，这10名学生果然都在不同领域取得了不小的成就。这时，这位心理学家才透露，当时的10个学生名单纯属随机抽样，至于他们从心理学家的"掌声"中确立了自信，内在的积极性和创造力被极大地调动起来，从而奠定了成功的基础。这个事实说明，一次适时的鼓掌是多么重要。谁也不能否认，带有奖赏、鼓励、赞许、肯定甚至于认可性质的一次不经意的言语和动作，哪怕紧紧拥抱、默默一笑、微微颔首、轻轻拍掌……说不定都会让一只生命的舟鼓起自信的帆，加速驶向成功的彼岸。从这个意义上说，掌声又是激发潜能的"反应堆"。

三是掌声能够和谐环境。一次真诚的鼓掌，能够消除误解，沟通思想，增进友谊。从这个意义上说，掌声是和谐环境的"润滑剂"。

为自己高兴易，为别人高兴难。能够为别人高兴，是一种美好情操和良好修养的展示。要做一名真诚的鼓掌者，起码要具备三条：一是要有宽阔的胸襟。俗话说，"腹中天地阔，常有渡人船"，胸襟宽阔，才有容人之量，既容人之短，又容人之长。那些心胸狭窄的人，不仅容不下别人的短处，而且容不下别人的长处，听说人家取得了进步就不自在，看到人家有什么特长就不舒服。这种人，不仅不会为别人的成绩而高兴，反而会想方设法掩盖别人的成绩，生怕别人超过自己。这种人的所作所为，不仅影响自身形象，损坏人际关系，最终还会阻碍自己的进步，不肯为别人高兴，自己最终也高兴不起来。这正应验了苏小妹的那句话，"你看别人是'佛'，说明自己心中有'佛'，你看别人是'粪'，说明自己心中有'粪'。"

二是要有善良的情感。一个人，只有具备关心人、理解人、尊重人的善良情感，才能做到真诚地为别人高兴。现实生活中，一些总是以"我"为轴心的人，在经办各种事情时，往往自觉不自觉地把"我"摆在第一位，对别人的利益习惯于用"与我无关"、"无所谓"的态度漠然待之，忽视了他人的存在，忽视了他人的成就，更不要提为别人高兴了。这种人在生活中肯定是缺少真正的朋友的。

三是要有常人的心态。有的人，太要面子，过于好强，他也许已经感觉到了别人的成绩和优势，可就是不愿意从自己的口里讲出来，害怕承认别人的能干就意味着自己的"低弱"。对于这类人，关键是要调整好自己的心态，始终保持一颗"平常心"，不要介意别人比自己强，注意多讲别人的长处，多讲别人的好处，多讲别人的成绩。这样，你才能经常分享别人成功的喜悦，你的心理状态才会是健康的，人际关系也才会是和谐的。

（王庆元）

生命的出口

　　坐在办公室喝茶看报纸，读到一则消息："一个高中女生为情所困，跳楼自杀了。第二天，她的男友从桥上跳入河心，也自尽了。"

　　这时候，一只小黄蜂从窗外飞了进来，在室内绕了两圈，再回到原来的窗户，却飞不出去了。

　　可怜小黄蜂不知道世上竟有"玻璃"这种东西，明明看得见外面，就是飞不出去，在玻璃上撞得"咚咚"作响。

　　忙了一阵子，没有什么效果，它停在玻璃上踱步，好像在思考一样。俄顷，小黄蜂突然飞了起来，绕室一圈，从它闯进来的纱窗缝隙中飞了出去，消失在空中。

　　小黄蜂的举动使我感到惊奇，原来黄蜂是会思考的。在无路可走之际，它会往后回旋，寻找出路。

　　对照起来，人的痴迷使我感到迷茫了。在这样的绝境中，为什么人不能像黄蜂那样，退回原来的位置，重新寻找生命的出口呢？

　　昨日，当有情感或事业挫折时，会有想到了结生命，以解脱一切的苦痛与纠葛。

但是，今日回观，并无必死之理。那是因为我们生命中经历的只是一个过程接一个过程，一个个新生与破灭，周而复始。如果受挫就要自尽，这世上的人类早灭绝了。

何况，身死或身未死而心已死，世界并不会因此有什么改变，情感也不会变得更深刻，反而失去了再创造、再发展的生机，岂不可惜可怜。

第一次情感或事业失败没有身死或心死的人，可能找到更深刻的情感。

第二次情感或事业受挫没有身死或心死的人，可能找到更幸福的人生。

许多次在情感里受难或在事业中蹉跎过的人，如果有体验，一定会触及灵性的深处，感悟到生命的真谛。

但是我并不谴责那些选择放弃的人们，只是感到遗憾，因为他们自己斩断了一切幸福的可能。

（丁 丁）

生命的力度

　　姐夫在市人民医院工作，有一次当笑话说起了这么一件事。

　　曾有3个病人在医院治疗，一位是工人，一位是农民，最后一位是本医院的医生。他们都患了相同的病——脑部微丝血管爆裂，半身不遂，即俗称的中风。

　　那位农民回家后，其家人见他丧失了劳动能力，形如废人，于是怠慢。听闻老农在壮年之时，寡情薄义。几个月后，老农孤寂死去。

　　曾是医生的病人知道这是种极难治愈的病，命已不长久。索性整天躺在床上，看看电视，听听音乐，不愿动弹，不愿意到户外去呼吸新鲜空气，因为他担心遇到熟人。一年后，医生死了，死时安详平和。

　　那位工人回家后，在其老伴的陪伴下，每天锻炼着行走，用一边的身子去携助另一边的身子，用一只脚和一根拐杖走路。后来，半边身子渐有好转。至今虽未痊愈，但性命已然无忧。

　　虽是饭后的谈资，但是，3种人对待生命的3种态度，以及旁人对他们的生命的不同态度，以及生命力在他们身上的不同表现，令我颇为动容。

是的，珍视生命，善待生命，我们不容推脱。

（陆建华）

门廊里的灯光

　　刚搬迁新楼时，每至入夜，各家门前就亮起一盏灯，整个楼道灯火辉煌。但时隔不久，黑暗就一层一层地逼迫上来：灯丢了。只有我家的门前一直灯光雪亮。

　　灯，不是没丢，而是不停地买。

　　一盏灯，几度电算什么，上上下下许多人，不怕一万，就怕万一，母亲总是这样说。末了，还不忘替贼开脱，"天棚那么高，蹬梯子、踩椅予才可以拧下灯泡，一只灯泡几块钱，若不是穷坏了，就是有窃癖，好人谁没事拧人家的灯玩？"

　　孤零零的门廊灯在黑漆漆的楼道中格外炫目。

　　也是个夜晚，母亲心脏病发作，我飞跑到楼下的食杂店打电话呼叫120，店主问：你住几层？

　　草草答：3层，门前亮灯那家。

　　店主眼神陡地一亮，笑容尽开，"原来是你家呀，快去照顾你母亲吧，我替你挂电话。"

　　救护车呼啸着停在门前，许多头从窗子里探出来。

"谁家有病人?""门廊里亮灯那家。"我听见这句话在头顶盘旋,随即走廊里站满了人:病得重不重?需要帮忙吗?

心电图机、氧气瓶、药品……抢救用物一样样被邻居搬上楼,很多面孔熟悉又陌生,还从没打过招呼。我说,歇歇吧,让我自己来。话未落地,就被人抢过去:你家的灯给那么多人照路,帮一点小忙算什么!

这时我才深深感到,门廊里设盏灯,遇急事多么方便;门廊里设盏灯,温暖了多少人的心!

其实,门廊里设盏灯,芝麻大的事,缺少的不是灯,而是爱心啊!

(栖 云)

经历便是财富

昨日随风而逝，留下甜蜜与欢欣的同时，也留下了怅惘与追悔。不曾好好把握而失去的落寞，一时冲动酿下的苦果，虚度光阴的悔恨，错失良机的遗憾……所有这些，时过境迁之后每每忆起，我们不免心痛，有往事不堪回首之感。

若是昔日能够重现，时光可以倒转，那你我会倍加珍惜，避免许多的过错和错过：抚今追昔，我们心中总会涌上这样的幻想。

但昨日已去，旧梦不再。

而我们如果换一个角度回首凝眸，换一种心情审视面对，那昨日的所有经历又何尝不是一笔珍贵的财富？人生仿佛一次旅行，重要的是沿途的过程，而非最终的结果。生命是绚烂还是黯淡，是缤纷还是单调，是充实还是空虚，并不在于结局是否圆满，而在于过程是否丰富。一帆风顺、直捣黄龙也好，历尽沧桑、饱经风霜也罢，只要经历过了，便是一份体验，一份感受，一份收获。也许，在昨日的经历中，你我摔倒过，陷入困境、一筹莫展过，甚至走投无路、四面楚歌过，但你我最终还是挺了过来，曾经的经历便深深地留在了记忆的深处。

其实，我们又怎能意识不到正是有了昨日的失去，我们才倍加珍惜今日的拥有；正是在昨日栽了跟头，我们在今天才拾到了明白。醉过之后知道了酒浊，爱过之后懂得了情重。是非经过不知难，经过之后，生活在我们心中愈加真实而生动，每一份经历都是那样地丰满厚重，仿佛触手可及，亲切质感。正是经历，美丽了我们的生命之花，常青了我们的生活之树。在经历的风风雨雨中，你我不断地开阔眼界，不断地强筋健骨，不断地增长见识，不断地成长成熟。

自觉地来丰富我们的经历，在苦中求锻炼、于险里炼真功，知难而上、积极进取，便是对于我们生命的无尽充实与丰富。还有什么能比真真实实地活过、痛痛快快地爱过、开开心心地笑过唱过、淋漓尽致地追求过奋斗过更让我们满怀欣慰与无比自豪呢？

经历便是财富，只要你我追求过了，拼搏过了，为理想与目标尽心尽力了，那你我就无悔无憾。到得长城固好汉，难酬蹈海亦英雄。

（杜殿台）

互换生命

有一个孩子，他的生日永远不会快乐。——他的生日是7月28日。

有一个军人，他的生命过早地离开了这个世界。——他的祭日是7月28日。

那是一个让无数人永远伤心的日子。

那一天凌晨4点多钟，天上先是下起了小雨，紧接着一道可怕的地光闪过，大地突然剧烈地摇动起来。黑暗中，以往井然有序的房屋在可怕的撕裂声里，如积木般不堪一击地轰然倒塌。

这里是一处军属大院，这一晚恰好军事演习，除了两个年轻的小兵留守值班外，军人们全都去了几十里外的地方，留下来的都是老人、妇女和孩子。

地震发生的时候，跑出来的人们在院子里惶恐万分，被这突然而来的灾难惊呆了。

那两个军人指挥着人们紧急疏散，并一次又一次冲进楼里，救出那些孩子和老人。

余震不断，看上去最结实的那座楼房的山墙也无奈地倾倒了。

三楼一间房屋里，靠墙的双人床摇摇欲坠，一只床脚已悬空在墙外。床上，是一名即将临产的孕妇。孕妇紧抓着床帮，痛苦地大声呼救。

此时楼梯已被杂物堵塞。两个军人不顾众人的阻拦，一个向楼内冲去，一个从楼外攀援而上。终于，两人先后赶到了，他们抬着少妇，艰难地下了楼。可是，就在孕妇的身体刚抬出楼洞的一刹那，一根大梁从高空坠下，正砸在走在后面的军人头上……

连惊带吓，刚到医院，那孕妇便生下一个男孩儿。

而那军人，却没有听见周围人们的大声哭喊，永远地闭上了眼睛。

25年过去了，男孩已经变成了青年，可他从不过生日，只是在生日这天，他会默默地将一束鲜花放在抗震纪念碑下，然后，就这样默默地坐着，对一个陌生的军人寄托无限的哀思。

1976年7月28日，一个军人与一个男孩互换了生命。

（姜亚平）

信任是一只希望的手

　　布鲁姆是小镇上出了名的地痞，整日游手好闲、酗酒滋事，人们见他避之唯恐不及。一天，他醉酒后失手打死了前来上门讨账的债主，被判刑入狱。

　　入狱后的布鲁姆幡然醒悟，对自己以往的言行深深地自责、无限地懊悔。一次，他成功地协助狱警制止了一起犯人集体越狱出逃事件，获得减刑机会。

　　布鲁姆从监狱出来，回到小镇重新做人。他先是去找地方打工挣钱，结果全被对方拒绝。这些老板全部遭受过布鲁姆的敲诈，谁也不敢要他这样的人。食不果腹的布鲁姆又来到亲朋好友家借钱，遭到的却是一双双不相信的目光的回绝。他那刚刚充满希望的心，开始滑向失望的边缘。这时，镇长听说了，就取出100美元，递给布鲁姆。布鲁姆接钱时没有显出过分的激动，他平静地看了镇长一眼后，转身消失在镇口的小路上。

　　数年后，布鲁姆从外地归来，他靠100美元起家，苦命拼搏，终于成了一个腰缠万贯的富翁，不仅还清了亲朋好友的旧账，还领回了一个漂亮的妻子。他来到镇长家，恭恭敬敬地奉上100美元，然后说道："谢谢您！"

事后，费解的人们问镇长，当初为什么相信布鲁姆日后还能还上100美元，他可是出了名的借债不还的地痞。

镇长笑了笑，说："我从他借钱的眼神中，读懂了他的心灵，我相信他不会骗我。我借给他钱是让他感受到社会和生活没有对他冷酷和遗弃。"一个即将走向极端的人，被镇长挽救了过来。

信任是一只伸向失望的手，一个小小的动作能改变一个人的一生。把信任撒向世界的每一个角落吧，说不定你的身边会出现一个奇迹！

（杨成敏）

好人"米粉"

　　那天我到街道居委会办孩子的户口，看到居委会的人忙着拆阅一些信件。在拆阅的过程中，他们神情肃然，用一种富有感情的语调诵读着手中的信。从中我了解到那个原本我极不喜欢，甚至有些憎恶的看公厕的老太婆干了一件很了不起的事……

　　背着一个很过时的印有"上海制造"的破旧的人造革黑挎包，叼着一根手卷的喇叭状的纸烟，蜷缩在一把找不到轮廓线的破烂藤椅上，伸着一只青筋毕露、瘦骨嶙峋的手，向每个进出公厕的人要——大便两毛钱，小便一毛钱。每个人都叫她"米粉"，这个邋邋遢遢，模样有些猥琐的老太婆，是个孤寡老人。听说在解放小镇时曾立过汗马功劳，居委会照顾她，才把看公厕这个现在看来是美差的活儿让她去做。"米粉"看顾的这间公厕在牛巷巷尾，一条窄小破旧的小巷尽头。同安街、共和街以及比邻的几条街道都是解放前的老建筑，里面都不配备卫生间，提着马桶往外倒的年代又已过去了，牛巷尽头"米粉"看顾的公厕就成了这许多人必去的地方。

　　有一回我上厕所，进去时给了"米粉"两毛钱，出来我就径直走了。没想到，这个可恶的老太婆竟追到巷口跟我要钱。我说：不是给你了吗？她稍稍挺直那根本挺不直的腰板，翻着一双浑浊的眼瞪着我：有吗？有吗？街上人来人往，我这样一个衣冠楚楚的年轻人被她拉在那儿，索讨小便的一毛钱，你说要多难堪有多难堪。想再掏钱给她算了，又想这样岂不承认我贪那种小便宜？我真的哭笑不得，幸好有个人从后面过来，一旁的一位老阿婆忙向"米粉"讲：是他还没给，不是这个年轻人。我才从困窘中解脱开来。打那以后，我对这个老太婆嫌恶有加。

住同安街的朋友告诉我，其实"米粉"的心是好的。她在公厕边的一堵墙上种了一种什么草，可治拉肚子。我朋友说：有次我吃坏肚子，一日里跑了好几趟厕所。"米粉"见了，特地从墙头拔了一大把草给我。我朋友这样总结道：现在，补胎的往马路上撒钉子，希望多破几条轮胎，多赚点钱。可"米粉"看公厕，却送草药给拉肚子的人，这种好心肠到哪里去找。

直到这次，我为了办孩子的户口，到居委会看到了这感人的一幕，我才真真正正被"米粉"打动了。那是一些从不同地方寄来的孩子的感谢信，里面是孩子们的学习情况和成绩。他们在信中一概称"米粉"做："奶奶"，通过居委会的人声情并茂的诵读，我仿佛看到了那些被大山和贫困包围着的孩子们激动与感恩的泪花……"米粉"，一个不起眼的老太婆，一个叫人憎恶、嘲笑的老太婆，看顾厕所挣来、攒起的一毛、两毛，竟然去帮助那些失学的孩子。我

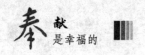

打听了一下，竟有六个孩子之多。我知道希望工程中帮助一个失学的儿童，一学期要二百块钱。不说其他的，单单一下子寄出去一千多块钱给毫不相干的人，想想，我们有几个人做得到？好人"米粉"，再见到她时，觉得她看顾的厕所也熠熠生光……

（铁　鹏）

常怀感动，回报他人

多少年了，我一直记得这样一段感人的文字——

在静静地，静静地面对只属于生命的那些独特的时刻里，有一种感动，像淹没在水面下的冰山，在人们心底汩汩地涌动。这是一个艰巨的世界，也是一个有情的世界，我们每个人都活在别人的善意里，于是常常体味，常常流泪。一份暖暖的爱意，在心里徐徐地升腾，缓缓地弥漫……

这段话出自何处、是谁讲的也许并不重要，重要的是它表达了人们一种普遍的共同的感受，这就是对周围的人、周围的事常怀感动。可不是吗，尽管人们曾为相互间的一些矛盾和争执而抱怨、叹息过，但扪心想一想，有谁不是生活在别人的善意中呢？

记得我刚入伍的那年，因不适应云贵高原的气候，出现了感冒引起的综合症，浑身乏力，上吐下泻。但那时年纪轻，好逞强，有点儿小病小灾不愿对人讲，结果硬撑了几天之后，终因体力不支卧床了，伙房知道后，按惯例给我做了一碗肉丝面条，要是平常的胃口，这碗香喷喷、油渍渍的辣子汤面，我准两分钟解决战斗，可眼下看着它，心里直腻味，连看都不愿多看一眼，这时，刚出差回来的一位干事听说我生病了，忙过来摸摸我的头，关切地询问了几句，便出去了。约莫半个小时以后，他将一碗喷香的稀饭，外加一小碟近似我家乡口味的酸泡菜，端到我的床前，嘱咐我趁热吃下去。看着他为我烧饭被柴禾烟熏红的眼和沾满锅灰的手，我好感动，顷刻间泪水溢了出来，接过他递过来的稀饭，我狼吞虎咽地吃了下去。这件事虽然已过去好多年了，可至今我仍觉得那顿饭是我平生吃得最香的一次。

生活中还有这样的事：起因可能会让你抱怨甚至恼怒，但结局却出乎意料地令你感动，且永远难以忘怀。记得有一年，我到山城贵阳出差，细雨霏霏，天气寒冷，趁候车之机，我到火车站附近的一家牛肉馆吃米粉。刚"扒拉"两口，一位大嫂牵着一个小女孩径直走到我面前，从上到下打量了我一番，最后她的眼光定格在我头上鲜红的帽徽上，许久她才怯生生然而又是极信任地托我给看一下孩子，她要去办事马上就回来，我不假思索地答应了。结果等了许久，直到我要乘的那趟火车发车了，还不见那位大嫂的身影。当时一股无名怒火在我心头升起：这大嫂也真是的，今天把我给坑了。又不知过了多久，天黑下来小店打烊了，我只好带小女孩站在屋檐下，注视着路边日渐稀少的行人。到底把那位大嫂盼回来了，快嘴的小店老板从窗口探出头来，责怪那位大嫂不该去得这么久，把我乘车的时间误了。见我正用大衣紧紧护围着她的女儿，大嫂伸出颤颤巍巍的手，在我的帽徽上轻轻抚摸，接着"扑通"一声跪在地上……此时，那在我心中酝酿许久且已快跳出喉咙的责备话，早已跑得无影无踪。是啊，人是需要相互理解的，面对这位大嫂如此真诚的信任和重重的感谢，除了感动我还有什么可说的呢？那个雨夜，我目送大嫂消失在夜雾中后，自己还在屋檐下站了许久，细细地品味着生活的真谛和被感动的滋味。

世上经常有一些与己无关的小事，也会令人感动不已。一次，我乘汽车去外地，车上人多，前排的一位老大爷举起捏着钱的手，向售票员购票，可是够不着。此时，中间有位青年接过大爷手中的钱给了售票员，随即又帮助售票员把车票和找的零钱还给大爷。此情此景令我感动。还有我们常看到有热心人搀扶残疾人过马路；公园里，一位独臂老伯俯身拾起前面游客扔下的果皮，悄然送往路边的垃圾桶；集体宿舍的过道上，不知是谁又悄悄地把地面打扫得干干净净；打开电视机，常有来自四面八方的人们给身遭不幸的人捐款捐物……这一切，似乎与自己无关，但是那份善意，那种爱心，同样是那样强烈地温暖和感动着我，使我常常忘情地置身其间，在心灵深处体味那种被爱的感觉。

也许有人对一张小小的贺年片不屑一顾，可我却曾被它深深地感动过。十几年前，我与一个同窗好友为一件小事闹了点儿别扭，彼此便中断了联系。再以后，双方虽都有和好的想法，但已分手多年，且不知道对方的通信地址。一次，在一篇《亲情·友情·爱情》

的文章中，我借这个例子阐发了朋友间应珍惜友谊，有了误会应及时消除，不要日后背上沉重的感情包袱的道理。不久这个同窗好友偶然在一家刊物上读到我的这篇文章，便"按图索骥"，给我寄来一张自制的贺年片，画面上涌动着浓浓的春意——冰雪融化了，小草从冻土中钻出，树梢绽开了花蕾，小鸟在天空飞翔。画面的旁边写着一行苍劲的小楷："一座巨大的森林，名叫心灵。"手捧这张贺年片，我仿佛倾听到了对方的呼吸和心音，以往的误会烟消云散了。数日后我仍沉浸在一种被人理解的满足之中。

"一座巨大的森林，名叫心灵。"这是印度诗人泰戈尔的话。这位异国的著名诗人特别善于从对一事一物的观察中悟出深刻的哲理。一天清晨，他站在屋顶的阳台上，凝视着胡同一端从树梢冉冉升起的太阳，猛然醒悟："在我眼前一张帷幕突然被掀开翻滚。"在此之前，他曾有一种沮丧和悲戚感。如今，经过长时间的磨炼和观察后，他感到一切都变得十分美好。为了加深自己的这种体验，在整整四天的时间里，他怀着惊奇，仔细品尝着平凡景象中所蕴含的深刻哲理。为此，泰戈尔总结自己的创作经验时说："谁若想成为一个心理上成熟的人，那是不能不时时培养自己丰富的情感体验的。"

一个人常被身边的人、身边的事所感动，不是"心太软"，不是无端的"自作多情"，这是他对人们一种善意的心灵感应。我相信这样的道理：只要这个世界上有一些人和事能让一颗颗平常的心感动起来，那么，就绝不会有人终日唱着忧伤的歌；只要心灵的感应没有滞顿，在被别人的行为感动之余，他就总要去想：我能不能再多做些好事，也经常让别人感动呢？时刻置身在人间的感动中，我们更会感到生活在这个世界上是美好的。

"一座巨大的森林，名叫心灵。在心灵里处处有无止境的谜语，我徘徊在那充满谜语的心灵里。"记住泰戈尔这充满哲理的诗句，我们就会在心灵的森林中常怀感动，并以这种情感回报社会和他人。

（向贤彪）

低姿态生活，高境界做人

　　古语中有"鼹鼠饮河，仅止满腹"之说，俗语中有"日有三餐，夜有一眠"之论。这些都说明了一个十分浅显的人生道理：人的一生物质上并不需要太多。这个道理并不难懂，但是懂了这个道理，并不等于能以此来指导人生，因此，我们在生活中常看到的是，许多人永远不能满足，什么便宜都想占，好事自己没有沾上，便觉得逆情悖理。所以，我们常看到一些人为了获取物质上的享受，不惜工本，费尽心机，最终是"机关算尽太聪明，反误了卿卿性命"。这也是湛江海关许多领导干部和走私者为了获取利益沆瀣一气，最终丢掉小命的原因之所在。当然，谁都愿意日子过得舒坦些，但有人把它和追逐物质利益等同起来，不知道人之所需实际并不多，或者虽然知道，但不能遏止自己膨胀的欲望。他们为了追逐生活的高水平，把自己的人格境界降到正常水平线以下。

　　是不是可以这样说：人格境界如何，是判断一个人如何的重要标准。一个人在物质方面追求太多，追求享受超出了自己所需，必然会降低自己的人格境界；而有较高人格境界的人，一般不会对物质生活过分讲究。虽然并不是说有较高人生境界，一定都要在物质匮乏的现实中度日，但在物质匮乏的情况下，能不能做到超然物外，却能看出一个人的人格境界如何。

也许我们不难发现，一个人的物质生活怎样，与他的人格境界关系不大，至少可以说没有必然联系，人格境界也绝不决定于物质生活是否豪奢。我们看到的却是：在物质上追求太多的人，往往会迷失自我，由于降低了自己的人格，貌似聪明，实际上十分愚蠢。

在当今社会的大背景下，一些人追求的已经不是人格的境界而是物质的富厚，正如有人大喝："人格值多少钱？"是的，人格的确不能换来金钱，不能当饭吃，不能让你吃香的、喝辣的。而有了金钱，却能有豪华的住宅，能有高档的轿车，能有出入于灯红酒绿场所的"潇洒"，能有出手千金的"豪举"。但是，大家想想，湛江走私案中涉及到的人，他们想来一定"风流"过、"潇洒"过，他们一定认为自己了不起，他们之所以要收取大量的贿赂，置人民的利益和国家的利益于不顾，想来不过是为了在生活上表现出自己的不同凡俗，膨胀了的物欲使他们把人民赋予他们的权力当成"改善生活"的工具。待东窗事发，他们却丑态百出：有的痛哭流涕，有的悔不当初，有的虽然好像是一副死猪不怕开水烫的模样，但无论怎样都不能掩盖他们眼神中的茫然。那个海关关长好像比较明智，当记者问他估计会给他判什么刑时，他沉痛中还有几分清醒地说："可能是死刑吧！"从他的回答中不难看出，他在收取贿赂时，并不是不知道他在干什么，也不是不明白他这样做会有什么后果，他仍然要给走私者大开方便之门，不过是因为他抵御不住走私者巨大贿赂的诱惑。从海关关长的谈话看，他不像是一个愚蠢的人，反倒有几分聪明，但他为什么会愚蠢地成为罪人呢？这就是因为他为了物欲而失去了做人的理性。人，一旦没有了理性，在生活上要求过高，必然要以降低人格境界为代价。许多聪明人之所以在人生的路上表现得十分愚蠢，大多是被欲所惑、忘记了做人应须有高境界的结果。

我们说：如果想使自己有较高的人格境界，首先要从对物质生活上的"低姿态"做起。

物质生活的低姿态，是建立在自律、自重上的。

自律，要求人要自我约束。自律一旦放松，就会一篙不撑退千寻。许多人对物质过度的追求，都是因对自己放任而产生的。而人之常情是：放任容易自律难。我曾经见过一个对自己要求很严格的人，后来他的人生比较顺利，待手中有了些权力，他却很迅速地改变了初衷，生活上要求多了，自律少了，人也便有几分堕落了。

自重，是对人格的自我呵护。汉代的杨震，当有人给他送来重金且以无人知相告时，他说："天知、地知、你知、我知，何谓无人知？"鲁国国相公仪休嗜鱼，有人送鱼给他，他坚决不收。有人不解地问他："你既然爱吃鱼，为什么不收送上门来的鱼呢？"公仪休笑着说："我就是为了长久地有鱼吃，所以才不收别人送的鱼。"这话很值得人们玩味。他不因为自己的喜好，降低做人的境界。这样的人，他们无论是在顺境还是逆境，都会有所不为，即使他们的生活十分清苦，他们也不会为了获得物质利益而忘记了对人格境界的追求。

也许可以这样说：要高境界做人，必须低姿态生活。

（田永明）

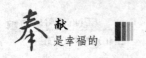

感谢你的敌人

一位动物学家对生活在非洲大草原奥兰治河两岸的羚羊群进行过研究，他发现东岸羚羊群的繁殖能力比西岸的强，奔跑速度也不一样，每分钟要比西岸的快十三米。

对这些差别，这位动物学家曾百思不得其解，因为这些羚羊的生存环境和属类都是相同的，全属羚科类，并皆生长在半干旱的草原地带，饲料来源也一样，全以一种叫莺萝的牧草为主。

有一年，他在动物保护协会的赞助下，在东西两岸各捉了十只羚羊，把它们送往对岸。结果，运到西岸的十只一年后繁殖到14只，运到东岸的十只还剩下三只，那七只全被狼吃了。

这位动物学家终于明白了，东岸的羚羊之所以强健，原来是因为在它们附近生活着一个狼群；西岸的羚羊之所以弱小，正是因为缺少了这么一群天敌。

没有天敌的动物往往最先灭绝，有天敌的动物则会逐步繁衍壮大。大自然中的这一悖论在人类社会也同样存在。汤武因为有残暴的桀纣作敌人而取得了拥护者，刘邦因为项羽而谨小慎微，最后得到了天下。换个角度讲，真正使罗马帝国灭亡的正是因为没有了强大的对手；在东方的秦帝国，建立不久就迅速覆灭，可以说也是同样的原因。

因此，在现实生活中，没有必要憎恨你的敌人，若深入思考一下，你也许会发现，真正促使你成功让你坚持到底的，真正激励你让你昂首阔步的，不是顺境和优裕，不是朋友和亲人，而是那些常常可以置你于死地的打击、挫折，甚至是死神。

现实就是这样，造物主不让处处一帆风顺、事事顺心如意、没有困难、没有厄运甚至连愤怒和烦恼都没有的人成为强者、成为栋梁、成为大人物。

一位哲人说，感谢你的敌人七次七十次。这话道理深刻，意味深长。

（张英奇）

快乐涨价

一个欧洲观光团来到非洲一个叫亚米亚尼的原始部落。部落里有位老者，穿着白袍盘着腿安静地坐在一棵菩提树下做草编，草编非常精致，它吸引了一位法国商人。商人想：要是将这些草编运到法国，巴黎的女人戴着这种小圆帽，挎着这种草编的花篮，将是多么时尚多么风情啊！想到这里，商人激动地问老人："这些草编多少钱一件？"

"10比索。"老人微笑着说。

天哪！这会让我发大财的，商人欣喜若狂，"假如我买10万顶草帽和10万个草篮，那你打算每件优惠多少？"

"那样的话，就得要20比索一件。"老人出人意料地答道，

商人简直不敢相信自己的耳朵！他大声地喊道："这是为什么？"

老人道："做10万顶一模一样的草帽和10万个一模一样的草篮，那会让我乏味死的。"

（李明聪）

成长善良

　　女儿搀着老父亲的胳膊艰难的上了公交车。车上人满为患，这时一个小姑娘站了起来，微笑着对老人说："您来这里坐吧！"可那位老人却说："谢谢了，姑娘，我站站没关系，你坐吧。"小姑娘没想到会这样，有些尴尬，再次说："您坐吧，大爷，尊老是我们年轻人应尽的义务。"老人的女儿似乎想说什么，但老人朝他摆摆手，说："好，好，孩子，那就谢谢你了！"说完，慢慢走到座位前坐下，小姑娘脸上流露出笑意。

　　奇怪的是，老人的女儿明显不高兴，似乎在责怪父亲。公交车继续朝前开，突然一个急刹车，老人"哎呀"一声，紧皱了眉头，好像强忍着身体的不适。小姑娘在一旁不禁替老人暗自庆幸，亏他坐下了，如果一直站着，不知要遭多少罪。下面一站就是医院，那父女俩下车了。女儿埋怨："爸，你也真是的，明知自己痔疮犯了，不能坐，还要坐！"老人笑呵呵地说："人家小姑娘一片好意！我要是拒绝了，也许以后再遇到这样的事，她就会有顾虑了。"

（文　勇）

有那么一刻，我感到很幸福

爷爷病重之际，家里笼罩着一片愁云，每个人都沉浸在亲人即将离去的伤感与焦虑之中。

后来，爷爷陷入昏迷状态，家里的亲人都赶回来，大家做好了所有的准备，只等着最悲伤的那一刻的到来。那一天，我们大家在爷爷的房间里闲谈，话语间都颇无奈与凄凉。忽然，爷爷微弱的声音响起："你们都来了。"大家且惊且喜，不知爷爷何时清醒过来的，都围拢过去，爷爷逐一地看着我们，脸上露出了笑容，说："这么多年，还是第一次见到你们都在一起。"爷爷的目光温柔无比，映得我们的心也暖暖的。

爷爷还是走了，在他清醒的两天之后。他一生劳苦，好日子没过上几天，就开始在病痛中挣扎。一直以为，爷爷的生活根本谈不上幸福，直到看到那天爷爷的眼神，心中才释然，那一刻，他的目光中蕴含着无尽的欣慰与满足，看到所有的亲人都在身边，他应该是最幸福的了。

那一年，我在离家千里外的一个城市，为着生活而奔波劳碌，生命的厚重堆积在肩头，在重重艰难之中，心境也变得落寞而黯淡。我有一个朋友，他是开出租车的，也同样挣扎在生活的底层，用他的话说，长年紧绷着脸，已不知如何去笑了。

有一天，万般失落的我和愁绪满怀的他，坐在他的车里满城乱逛，各自想着愁心之事。经过一个繁华的街区时，有人从车窗外扔进一张纸来，一看就是那种满街散发的广告宣传单。朋友看也没看，顺手又扔了出去。片刻后，那张纸又飞了进来，我们都大怒。朋友刚要把纸再抛出去，忽然发现宣传单的后面有字，便翻过来看。只见上面画着一张笑脸，下面写着："希望能带给你一个幸福的瞬间！如果你能看到后面这些字。"向车窗外看去，一个女孩的身影正在离开。看着那匆匆写就的字迹，心里忽然就感觉有什么东西破碎了。

而朋友的脸上，也露出笑容，许久不曾看到他的笑了，仿佛轻风漾起涟漪，将满面的风尘沧桑荡去，那个神奇的时刻，车里只有我们两个的微笑在悄悄流淌。

表哥是个残疾人，整天坐在轮椅上，下一次楼很难，便将自己关在书房里，与那些书籍为伴。我去看他，见到他笑容中隐藏的丝丝无奈与苍凉，感同身受，一时也是郁郁。沉默中浏览他满室的藏书，想象着他湮没于别人的故事中，心里身外的世界，都是同样的寂寞。

闲谈了一会儿，表哥摇着轮椅来到窗前，窗外六月的阳光柔柔洒洒，忽然，就见表哥淡淡地笑了，目光也柔和如春。我走到窗前，

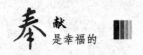

顺着他的目光望去，楼下空地的一个小沙堆上，几个小孩子正在玩沙子，灰头土脸的，却是无比欢乐的神情。远处，大街上熙来攘往，浓重的生活气息扑面而来。而表哥的笑容仿佛为这一场景所涤滤，没有了一丝的愁苦与郁闷，有的只是发自内心本真的幸福。

生活也许黯淡，际遇也许坎坷，却总有那样的时刻让我们结茧的心柔润如初。就如黑暗的夜空中划过的流星，能映亮我们的眼睛，能温暖我们的心，有过这样的一刻，就足够了。

（包利民）

春天里最动人的话语

　　同学白胖子李政，自美国衣锦归来。他留学读完博后，就在美国开了家软件公司，这几年，赚了不少。老同学聚会，我们在宾馆里狠吃了他一顿。聚会未了，白胖子谈了此行的一个意向，他准备拿出一部分钱来，作为慈善基金，去资助那些需要帮助的人。大家都喊好，说他吃水不忘挖井人，富了不忘家里还有穷兄弟。

　　不过，白胖子说，我得从咱们同学中找个人，来打理这部分资金，几十万美金，这是不菲的一笔钱，同学当中，有在政府单位的，有在教育部门的，也有经商的，总之，不少精明强干的，找谁好呢？

　　然而，谁也没有想到，白胖子最后把这笔巨资交给了一个叫刘庆生的人。庆生平常话不多，是我们班混得最差的，上了个中专，出来分到农机局，在下岗最热闹的时候，他光荣下了岗。现在，在一家汽车修配厂当工人，整天油渍麻花的，也只是勉强糊口。

　　庆生倒是没有辜负白胖子的选择。资助失学儿童，帮扶孤残老人，修建破损的学校，购买急需的图书，办的都是雪中送炭的大事。也因此，这笔慈善基金，赢得了不少口碑。

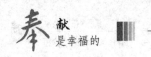

　　同学们都心服口服。看来，白胖子能在美国当大老板，大把大把地赚钱，绝不是空手套白狼，就凭他选择刘庆生做慈善这件事，眼光就够毒的。

　　我们都夸白胖子有眼光。哪料，大洋那边的白胖子说，这跟眼光没有关系，如果你们想知道原因，我给你们讲一个故事吧：

　　高三毕业的那一年春天，学校照例要在班里评选省级三好学生。大家都清楚，省级三好生高考的时候，会有10分的加分，所以，无论谁，都对这个荣誉称号梦寐以求。

　　按照程序，班里先投票评选出五个人，然后，再通过民主评议，选出其中一个来，作为省级三好生。当时，我是被随机抽取到的十几个参加民主评议的学生中的一员，在春光明媚的学校小花园里，班主任王老师三言两语的开场白之后，就直截了当地说：我觉得，这五个人当中，李晓萌是最应该当选的，你们有什么意见没有？

　　大家都知道，班主任最喜欢李晓萌，我们低着头，谁也不说话。就在这场民主评议将要草草结束的时候，一个声音低低地从人群里发出来：老师，我认为李政更合适。大家循声看过去，是刘庆生。是的，李政更合适，他学习优秀，也乐于助人，我们都心知肚明，但当时谁也不敢表达出来。毕竟，班主任教了我们三年，谁也不想给班主任下不来台。当时，评议现场一片寂静。最后，班主任开口了，谁有不同的意见，下来再说吧，这件事，我们就这么定了。

　　说实在的，高中三年，我没有听见刘庆生说过几句响亮的话。

但，那个春天的花园里，他只说了一句话，却让我一辈子难忘。那一刻，他心底的正直和善良，像一枚种子，落在我心里，这么多年，好多人好多事都成了过眼烟云，而这颗种子，却长成了一棵参天巨树。

所以，当我为慈善基金选择代理人的时候，第一个想到的，便是他。是的，我把这笔钱交给庆生，是奔着他骨子里的正直和善良去的，因为我始终觉得，这笔钱，只有在正直和善良的人的手里，才会变成抚慰和温暖人心的力量。

故事讲完之后的好多日子，大家悄无声息的，什么也没说，一如既往地上班、学习、生活。但白胖子说的话，一直激荡在我们心里，久久挥之不去。

（马　德）

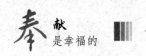

素未谋面

　　在QQ上彼此加为好友之后，我说她是一个有着最艳丽色彩的妖娆女孩，而她说我的文字里有着江南女子的妩媚气息，就这样，我们成了未曾谋面的"知己"。

　　她本来有着很好的工作，但是为了自由，辞职后开了一个服装网店，从此做起了宅女。很难想象，一个女孩子那样决绝和与世隔绝的样子。

　　一天，收到她的留言，让我把可靠的地址告诉她，她想给我快递一件衣裳。我受宠若惊，脑海里登时蹦出四个大字：何福消受？于是很迂腐地回了一句：无功不受禄，这怎么好意思！谁知她像个铁娘子一样下了"命令"：朋友之间，还谈什么有功与无功，只在乎一心。她一句话，让我彻底没了脾气。

　　她说，这件衣服我就进了两件，你一件我一件。是绣花的荷叶袖，很符合你的气质。她描述得很骨感，令人不忍拒绝。之后，她又发来衣服的照片。我当下如小人得志般喜滋滋，对照着她发来的衣服照片细细把玩，整件衣服在幽微的天光里泛着亮蓝，质地看上去十分轻柔，我真有小时候过年添置新衣的喜悦。

很快就收到新衣。第二天便急急地穿上身，将长发披下来，造成一种"风动莲花香"的形象，一路上迈开的步子十分飘飘然。知道"倾城"一词最是妙在哪里吗？妙在心里。

说实话，我从来没穿过这么白亮、精致而飘逸的衣服。想着一个夏天下来，我和未曾见过面的"知己"，在不同的城市却同时染一身厚实的小麦色。我曾以为穿白色是自己找抽。我从来没把自己当成一个百分百的女人，但是"知己"身在远方，却洞悉了我的女人心，也许她从我的只言片语里认定了我是一个羞于美的人，于是急着将我推到阳光下。那种若隐若现的飘逸之美，在我看来非得小家碧玉型的女子才能将之生动演绎，而我突然间被她变成这种类型，所以一时间心思波动，激情荡漾。

此时此刻，这件华服正被我穿在身上，在大街上迈着猫步，心里蜜一样甜，心想，终于有人肯把我当百分百的女人看了，这是多大的阶段性进步！

饮水思源。我穿着这件华服在大街上飘逸了一天，心里充满着对"知己"的深深感激。我们不过相识于网络一年多，媒之以文字。且当初人家加了我之后，我还没心没肺地曾把她删掉过，好在人家不计前嫌，只当我是个蓬头稚子，喜欢我的天真。今春看到我的新照，身为上海美眉的她也愣是没忍住尖叫：你的照片里有淡淡的妩媚。而我闻此言后，却文不对题地诗人般地抛出一句：我们相识该

有一年了吧。或许就是我的这句话触动了她心底的那根弦，让她觉得纵使都市寂寞冰冷，但温存暖意没有消失殆尽。

想起她骨子里的坚毅，从公司辞职后做起了服装生意。我深知女子之间互相欣赏是件难事，女人间也很少有真正长久的朋友。但就是这样淡淡的我们，素未谋面，甚至彼此并不知对方的手机号，她真心实意地给我送来一袭华服，只是为成全我的妩媚。这已是女子之间最温婉的相知相惜。而我亦唯有在心底默默地感激她，并在心中勾勒她与我着同款华服时的妖娆。

（陌上舞狐）

请你离开我

一次偶然的机会，蔡华与李伯芬相识。眼光碰触的刹那，都有情愫在心中暗生。四月的杏花，五月的垂柳，于一颦一笑间，两个年轻人的心渐渐走近，很快就陷入了热恋。

婚后，蔡华夫妇非常渴望能有一处自己的住房。几年后，夫妻俩终于实现了这个愿望。可就在这时，蔡华却突然感觉身体不适。到医院一查，结果是肾脏出了问题。回想父亲在48岁时因肾衰竭而去世的往事，蔡华有种不祥的预感。不久，蔡华的预感便变成了现实。

死，他倒是不怕。唯一放心不下的，就是妻子李伯芬。思考再三后，蔡华决定与妻子离婚，让她重新嫁人。

李伯芬听完蔡华的离婚要求后，极力反对。可蔡华的心意已决，如果李伯芬不答应，他就以绝食相威胁。无奈之下，妻子同意离婚，但条件是离婚后，他的生活依然由她来照顾。达成协议后，两个人来到民政局。在蔡华的坚持下，房留给了李伯芬，而女儿则留给了自己，因为他觉得李伯芬独身一人找对象会更容易些。

随着蔡华病情的加重，他经常需要去医院做透析，李伯芬挣的钱已远远不够蔡华看病所需！李伯芬多次要把房子卖了给他治病，可他坚决拒绝了。"妻子跟着自己没有享过福，这房子是我唯一能给她留下的财产。我宁愿自己立刻死去，也不能让她卖了这个房子！"

两人的努力并没能使病情好转，蔡华的病情依旧加重着。在长达两个月的尿血后，蔡华开始在网上给李伯芬征婚，因为他感到，"自己的时间已经不多了"。他要逼迫她离开。

可是天不遂人愿，网络征婚的效果并不好。于是，蔡华又做了一块牌子，在达州市内的一个人流密集的广场上给李伯芬打征婚广告。众人在得知他的征婚初衷后，无不感动得泪流满目。虽然最后，蔡华被女儿劝回，但是为妻征婚的想法依然牢牢地存在于他的脑海里。而他的初衷，也依然简单如初：请你离开我，找寻你的幸福。就是他在自己仅剩的时间里，最想做、也是必须做的事情。从头到尾、自始至终，他都没有说过一个爱字，但是，他给予她的爱，却足以抵过千言万语，足以抵过万水千山。

不是所有的爱都要死死地霸占住对方，这种霸占，是私欲，而非真爱。在我有能力给予心爱的人快乐与幸福时，我会让这些温馨与感动时时刻刻环绕在她的身旁。可如果一旦我失去了这种能力，我情愿放开手。但是我的祝愿，会一直跟随着她、陪伴着她，一路继续走下去。

（红颜添乱）

最长的短信，最深的爱

　　2008年"5·12"大地震后首批赴汶川的志愿者张小砚，曾在那里办了7所帐篷学校，之后她骑摩托车进西藏，这一路竟走了近万公里，历时71天，她历尽艰险，但也收获了炽热的恋情。

　　在路上，张小砚遇到并爱上了面容俊朗的泽让索朗。泽让为小砚起了个藏族名字：格桑美朵。他对张小砚说："美朵是花朵的意思，格桑的汉话是好光阴的意思。格桑是开在我心里的花。"短暂的相识，她又要西行了。

　　尽管泽让依依不舍，她告诉他，回家时路过雅江一定来看他，她便又出发了。此后，他无时无刻不在牵挂着她。刚开始时，他给她打电话，问她："到什么地方了？"或者"吃住都还习惯吗？"可小砚跟他说："还是发短信吧，我的手机是漫游，打没钱了，家人找不到我，会着急的。"

　　这是一句极普通的话，也是一个简单的要求，可是却几乎要了泽让的命。因为泽让不会用汉语输入短信。而他又放心不下小砚，于是他只好每每要发短信时，就骑摩托车从他居住的扎坝，到相距

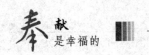

42公里外的雅江县城，找表弟帮着发短信。

两人似乎有心灵感应，很多次收到泽让的短信，总是她最孤独、最想念他的时候。有一次她在旅途中生病了，那天还下着倾盆大雨，一路还拦不到车。她觉得自己马上就要倒下了，这时泽让来了条短信，问她走到哪里了，说他很担心她。那一刻她什么都顾不上了，打通了他的电话，跟他说自己病了。泽让急坏了，说要出来寻她，可是相距那么遥远。他忽然想起附近200多公里有他家亲戚，他马上打电话让亲戚去路上接小砚……

之后，他们相见了。她永远记得那天相会的情景。他笑着伸手接过她的包，说："跟我回家!"一路的风尘和孤单都在这一刻安定下来了。他说出了发短信的故事。泽让指着这条山路说："格桑，从扎坝到雅江的山路有42公里。你的手机里有多少条短信，我就走了多少趟这扎坝的路。"她眼睛湿润了，责怪自己太不了解泽让的情况了，同时也责怪他为何不解释一句。他继续说道："每一次去给你发短信我都特别高兴。在路上是唱着歌去的雅江，唱着歌回扎坝。这条路我走的次数数不清，数不清。"那一刻，她才知道，泽让给她发的短信，是这个世界上"最长"的短信，里面包含了最炽热的爱。

就像一首诗中所说："留人间多少爱，迎浮生千重变。与有情人做快乐事，莫问是劫是缘。"即便短暂如烟花般的爱情，我想也足以温暖彼此许多年月。

（苗向东）

爱的接力棒

　　她还在娘胎里，父亲就因病去世了。后来母亲改嫁了。继父是个盲人，对她很好。一年后，母亲给她生了个弟弟。父母为了养家过度劳累，落下一身伤病。

　　8岁时，她就比同龄的孩子懂事。为替父母减轻压力，放学后，她带着弟弟做家务，挑柴卖草、种地喂猪。父母在家里开了个卖烟酒副食的杂货店，他们不在家时，她就不上学，在家看店，对着记在纸上的价卖，算术也就是那时学会的。

　　10岁时，她已经能想法赚钱了。白天到山上砍柴，翌日，天不亮赶着拖柴的马车走几十里山路到镇上卖。

　　然而，勤劳并没有改变家里的窘境，相反，上天还跟她开了个恶意的玩笑。初三那年，继父因劳累过度病倒了，去医院一查竟是脑瘤晚期。继父在临终前叮嘱：你们兄妹两人中至少要有一个人跳出农门。

　　为实现继父的遗愿，她在风雨兼程的苦难里，选择了坚强。继父走后，她接过了生活的重担。高中时，她没法像其他同学那样安

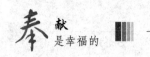

心读书，因为她竭尽全力在课外寻找各种途径兼职赚钱。挨到高考，她瘦了十几斤。

2007年高考，她和弟弟一同赴考。结果，弟弟考了580分，被武汉理工大学录取，而她考了470分，被省内一所高校录取了。然而，望着疲惫的母亲，想到母亲独自支撑起这个家这么多年，供他们读完高中已是不易，不可能同时供两个人上大学，她毅然将自己的录取通知书偷偷压在了陈旧的木箱下。

她辍学了，只身来到宁波一家电子厂打工。初到厂里，她身无分文。没钱买被褥，只能睡在木板上，三餐啃馒头。一个月后，她领到了第一笔工资700元钱。她将一半工资寄给读大学的弟弟，在电话中嘱咐弟弟："好好读书，从现在起，姐姐负担你的生活费。"

打工生活是枯燥的。但她不仅利用休息时间报名参加了自考，还热心帮车间做报表。她的表现打动了老板。在流水线上工作了一段时间后，她被推荐参加文员竞聘。经过多轮考核，她从几百名竞聘者中脱颖而出，当上了计划科的计划员。

然而，有一次，弟弟的一席话改变了她的人生方向。弟弟说："姐姐，我拿到了奖学金了，你以后不用给我寄学费了。姐姐，你也很优秀，也应该坐在教室里学习。"此后，弟弟又劝了她多次，并给她寄来高中课本。终于，她决定复读。

复读的日子是异常艰苦的，尤其是她已经在社会上待了很久，课本知识早已生疏。第一次月考，150分的卷子，她只考了70分。

然而，这并没有动摇她的决心。她常常躲在路灯或者厕所里看书。这一年挨到头，她瘦得能被风吹走。但幸运总是垂青肯付出的人。2009年，她以优异的成绩被三峡大学录取。

她就是吴春红，2011年4月29日，荣获"中国大学生自强之星"称号。她的故事向人们诠释着一个道理：这个世界，苦难隔开了幸福，但爱像接力棒，无限延伸后，将被苦难拦腰斩断的幸福串联起来。

（邹　峰）

把一切都交给爱吧

　　许多年后，周俟松提到自己第一次读许地山的《命命鸟》，眼神悠远，嘴角噙着一丝笑意，淡淡的，却无限甜蜜，好像陷在一个温柔的梦境里。

　　那真是梦一般的岁月。她刚上中学，琉璃一样的心，流光溢彩，却被他行云流水般的文思深深地打动了，从此，许地山成为她青葱岁月的美丽符号．她到处搜寻他的作品，然后像春蚕食桑般，细嚼他的章章句句，满心满腹都是他的锦绣文字。

　　四年后，她已是北师大数学系大二学生。那天傍晚，她走在林荫道上，围墙上老藤嫩叶，缀着累累的绛红色花苞，像许地山的文字，任何时候读起来，都葱茏恣意，闻得到蕴藏其中的香气。同学拿着海报向她奔来，告诉她晚上燕京大学文学院教授许地山在北京大学有场演讲。她迷许地山，众所周知。周俟松顾不上吃晚饭，匆匆赶去。那天，许地山演讲的题目是《造成伟大民族的条件》。讲台上，许地山旁征博引、侃侃而谈，周俟松在台下如痴如醉，心中柔情千转。她没有想到心目中的偶像，不仅才华横溢，还如此风度翩翩，神采逼人。她为他倾倒了，多年来盘踞在心头的锦绣文章，此刻荡漾成一泓春水，涟漪四起。那是她与他的初见。

周俟松不知，讲台下的许地山是严肃、冷漠的。他虽留洋多年，可从不穿西服，一年四季穿土黄色对襟长衫，留长发蓄山羊胡，习练梵文，燕京大学的师生称他为"三怪才子"。他行事不僧不俗、亦僧亦俗，学生们背地里喊他"许真人"。在同事与学生眼中，他是难以接近的。而其实，那时的许地山心如寒冰。他结婚两年不到的爱妻林月森因病去世，抽走了他的生气，他像汝窑瓷器，光芒尽敛，再难有快乐了，独对空山，愁眉不展，想起前事，泪如珠串。对亡妻的怀念是他干燥的心灵气候里唯一的无声细雨，流淌到笔底的，是被沈从文定义为"妻子文学"的散文《空山灵雨》。读书、写怀念妻子的文字，弹七弦琴，他的生命里，只剩这几件事，聊慰心伤。

周俟松再次见到许地山，是在接待俄国盲诗人爱罗先珂的欢迎会上。那天，许地山作为接待方，忙前忙后，招呼双方宾客。周俟松在人群里，远远地用目光追寻着他的身影。衣香鬓影里，一袭普通丹士林旗袍，也难掩她的青春妖媚，她像一枝清丽的幽兰，散发着幽幽的香，吸引了无数的目光，而她却没能走进许地山的视线，甚至她拿他的《缀网劳蛛》请他签名．他头也不抬写上自己的名字，始终没看她一眼。

他的目中无人，他的淡漠，反而激起她的不甘。年少的心总是痴狂，当她知道他单身后，再也按捺不住内心激荡不安的情愫，湖南妹子的辣性上来了，她提笔给他写信。

尽管心底的柔肠百结，浓得化不开，可少女的矜持，让她不敢坦露心声，她试探着以文学青年的身份向他讨教。他很少回信，偶尔回一封信，寥寥数笔，却至情至性。她如获至宝。渐渐地，她在信里说，她不赞成他在《爱的痛苦》里的观点，特别不喜欢这句："女人的爱最难给，最容易收回去，一切被爱的男子，在他们的女人当中，他们也是被爱者玩弄的。"后来，她又在信中说，我记得许先生在《别话》里说过：人要懂得怎样爱女人，才能懂得怎样爱智慧，不会爱或拒绝爱女人的，纵然他没有烦恼，他也是万灵中最愚蠢的人。我相信博学聪明的许先生，不会成为这个世界上最愚蠢的人的。在信的最后，她没头没脑地写上七个字：把一切交给爱吧！

"把一切交给爱吧！"是印度诗人泰戈尔的名言。许地山是饮过恒河水的人，对印度文学深有研究，对泰戈尔更是情有独钟，这句名言，是他熟知并颇为欣赏的，周俟松没头没脑写下的这句话，像一只锋利的箭矢，瞬间穿透他的心。他发现他的心已冰封太久了。

爱情有时就这般奇妙，以为失去的再不会重来，却不期然地以另一副面貌出现。周俟松的信一封封寄来，像一颗颗石子，叩击他冰封的心扉，冰面裂开，冰河解冻。这位胆大泼辣、勇于追求爱情的女孩子，让他的心柔软了。他主动约见周俟松。她身材颀长，容貌姣好，谈吐不俗，又娇嗔风趣，让他如沐春风，不久，他更发现自己已深陷情网，他写起情意绵绵的情书："自识兰仪，心已默契。

故每瞻玉度，则愉慰之情甚于饥疗渴止，是萦回于苦思甜梦间，未能解脱丝毫，既案上宝书亦为君掩尽矣。"曾经的"许真人"竟相思得连书都看不进去了。

两情相悦，心心相印，这份爱情来之不易，但要修成正果，却还有漫漫长路。"三怪才子"虽然才高八斗，在现实生活中却有些"弱智"，绝非大户人家的良婿，何况年龄相距也是不可逾越的鸿沟。周俟松的父母强烈反对他们交往，把她关在房间里，门窗上锁加封，甚至威胁她要断绝父女关系，周俟松抗争过、绝食过，终不能改变父母的心意，她绝望了，托人给许地山带信，问他怎么办？许地山在一张白纸上，写下了那七个字：把一切交给爱吧！

对，把一切交给爱，一切就变得简单了。她不再与父母水火不容，不再争辩，好好吃饭、睡觉、看书、写字，一切平静如初。父母以为她回心转意了，放松了戒备。在一个春风沉醉的晚上，她给父母留下一封信，离开了。信上说：把一切交给爱吧！如果你们爱我，那就应该爱我所爱，即便不能爱我所爱，也应该容许我去爱我所爱，我爱你们，也爱他，这本是我生命里最绚丽的风景，为什么非要我舍弃其中之一？

那年五一劳动节，周俟松与许地山在北京来今雨轩举行了婚礼。周俟松的心是欢悦的，那天的日记上，她用粗笔加注了四个字：风和日朗。

1933年，许地山赴印度研究宗教和梵文。分离日子，是思念、忧愁和孤单的交织，家书是他们互诉衷肠的鸿雁，是异乡孤独生活的慰藉。许地山写给周俟松的26封家书，家长里短，平易清浅，却温情脉脉，鹣鲽情深，后来结集为《旅印家书》。最广为流传的是他们的"爱情公约"：一、夫妇间，凡事互相忍耐。二、如意见不和，在说大声话以前，各自离开一会儿。三、以诚相待。四、每日工作完毕，夫妇当互给精神的愉快。五、一方不快时，另一方当使之忘却。六、上床前，当互省日间未了之事及明日当做之事。一年后，许地山回到家里，两人执手相见，恍如梦中。卧室里，精装细裱的"爱情公约"高高地挂着，夫妇俩相拥大笑，有了这"爱情公约"，他们生活少有阴霾。

也许是天妒英才，也许是情深缘浅，老天只给了他们12年的相守时光，一个骄阳似火的八月午后，时任香港中文大学文学系主任许地山，因劳累过度心脏病突发，倒地身亡，时年49岁。缘分太浅，还没爱够就阴阳永隔，若嫌红尘嘈杂，怎忍心留她独自承受？他走了，却仍在他的文字里活着，在她的心里活着，他的文字带着他的体温，时时佑护她、陪伴她、温暖她；他走了，她要替他活着，她默默地编辑他的书稿，她要他的音容笑貌在他的文字里聚拢来，鲜亮地活着，而她就像一只春蚕，在翻阅整理中绵绵不绝地倾吐无尽哀思与无边的怀想。

（施立松）

听你的啼哭像天籁

2011年2月28日，妈妈永远也忘不了这一天。这一天，我们母子经过漫长的31周的煎熬与等待，终于等到了即将见面的时刻。可是妈妈好不争气呀，医生阿姨托着你的小屁股把你从妈妈肚子里抱出来的那一瞬间，妈妈竟然虚弱得昏迷过去，遗憾得连你的第一声啼哭都没有听见。

孩子，你知道吗，妈妈为你骄傲，因为你是一个坚强的小生命。当你在妈妈温暖的宫殿里奋力成长到五个多月时，妈妈被查出患了恶性纤维组织细胞瘤。这是一种可怕的癌症，医生伯伯说如果不马上化疗，再过几个月可能你和妈妈都会失去生命。医生伯伯说只有把你打掉，妈妈马上进行治疗，可能还有一丝希望。可是，孩子，"把你打掉"这四个字比癌症更可怕。

我们母子的血是流在一起的，无论什么，都无法将我们分开。所以，妈妈坚决地对医生伯伯说：我不会打掉孩子，我要生下他，请让我做一次母亲，这可能是我仅有的机会。

妈妈知道化疗会伤害到你，所以妈妈放弃了治疗。虽然医生给妈妈服了少量止疼片，可疼痛袭来时，妈妈仍疼得冷汗直冒，妈妈只有紧紧扯着床单强忍住。有时候妈妈觉得自己快撑不下去了，可是我的宝贝，妈妈感觉到你在抚摸妈妈，妈妈就又有了勇气。

因为妈妈放弃了治疗，所以病情恶化得很快，妈妈患病的大腿从刚进医院时的60多厘米扩张到90多厘米，肿瘤也增大了三四倍。

这时你已经在妈妈的肚里成长到31周了，医生说可以离开妈妈的宫殿自己生活了，如果你再不出来，恶化的病情就会影响到你。

你一出生妈妈就发高烧、昏迷，整整半个多月，妈妈只能靠大量的冰块来降温。在昏迷的漫长时间里，妈妈好几次都觉得再也没有力气睁开眼睛了。可是妈妈有个希望，这个希望又把妈妈从可怕的黑暗拉进了光明。那个希望就是你，宝贝。

你出生后一直在保温箱里，再后来你又被送到老家亲戚家里养育。我好想你，爸爸说你太小太弱，不能来回抱。

那天你肚子饿了啼哭，爸爸用手机录了一小段视频。宝贝，你知道吗，当妈妈第一次听到你清亮的啼哭声时，再疼都没有哭的妈妈，却止不住自己的泪水。这是激动和快乐的泪水，世界上没有哪一首音乐有你的哭声动听。你的啼哭声，在妈妈的耳中，是最美的天籁！

妈妈以前读过一本书，书里的佛说："阿娘怀子，十月之中。起坐不安，如擎重担。饮食不下，如长病人。月满生时，受诸痛苦。须臾产出，恐已无常。如杀猪羊，血流遍地。受如是苦，生得儿身。

咽苦吐甘，抱持养育。洗濯不净，不惮劬劳。忍寒忍热，不辞辛苦。干处儿卧，湿处母眠。"可能你还听不懂，这段话说的是妈妈生养孩儿的辛苦和不易。可是我的孩子，现在对于妈妈来说，"干处儿卧，湿处母眠"这样的场景都是一种奢望。

医生说，妈妈的癌细胞可能有扩散迹象，需要进行截肢手术。到那时，妈妈的身体就不再完整了。可是孩子，妈妈对你天籁般啼哭声的记忆，永远是完整的；妈妈对你的心，永远都是完整的。

（纳兰泽芸）

奇迹值多少钱

听爸爸妈妈谈起她的小弟弟安德鲁的事情时，苔丝已是一个8岁的小女孩了。她只知道弟弟病得很厉害，而他们家却一贫如洗。下个月他们会搬进一套公寓楼，因为爸爸已经无力支付医药费和房贷了。

现在唯一可以救弟弟的办法就是做手术，但手术费用昂贵，看起来没有人肯借钱给他们。她听到爸爸绝望地对妈妈低声说："现在只有奇迹可以救他了。"

苔丝回到她的卧室，从壁橱的一个隐蔽处拖出一个玻璃瓶子。她把里面所有的零钱都倒在了地板上并仔细数了三次，她可不想算错了数。

她小心地把这些硬币放回到瓶子里，并把盖子拧好。她悄悄地从后门溜了出去，一路穿行了六条街区，来到 Rexall 药店，店铺的门上有一个大的红色印第安酋长标志。

她耐心地等待着药剂师来招呼她，可是这时的药剂师非常忙，并没有留意她。苔丝扭动着她的脚与地板摩擦发出声音，但药剂师没有反应。她用她能够发出的最令人讨厌的声音清了清嗓子，药剂师还是没有反应。最终，她从瓶子里拿出2角5分硬币摔在玻璃柜台上，弄出清脆的响声。成了，终于有反应了！"你想要点什么？"药剂师用不耐烦的腔调问，"我正在和我的弟弟谈话，他从芝加哥来，我们很多年没见了。"说完这话，他没等苔丝开腔就继续与他的弟弟聊天。

"哦，我想跟你说下我弟弟的事情，"苔丝用相同的不耐烦的腔调回应道，"他真的病得很严重……我想买一个奇迹。"

"什么，你再说一遍？"药剂师问道。

"他叫安德鲁，在他的脑袋里有个坏东西在生长，我的爸爸说现在只有奇迹能救他。所以，请问奇迹多少钱？"

"小姑娘，我们这里不卖奇迹，很抱歉，我爱莫能助。"药剂师语气稍微温和地说。

"听着，我有钱付账，如果我手上的钱不够，我会去筹集不够的那部分，你只要告诉我奇迹卖多少钱。"

药剂师的弟弟是个穿着考究的男人。他弯下腰来问这个小姑娘："你弟弟需要什么样的奇迹呢？""我也不知道，"苔丝回答，她泪如泉涌，"我只知道他病得非常厉害，妈妈说他需要做手术，但是爸爸支付不起手术费，所以我想用我自己的钱来为他治病。"

"你有多少钱？"这个从芝加哥来的男人问。

"1美元11美分，"苔丝用蚊子般的声音答复道，"这是我所有

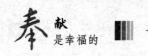
的积蓄，但是如果有必要我能弄到更多的钱。"

"刚刚好，"那个男人微笑着说，"1美元11美分，正好是为弟弟买个奇迹的价格。"他一手收下小女孩的钱，一手紧紧握住她的露指长手套，说道："带我去你住的地方，我想去见见你弟弟和你的父母，看看我是不是拥有你们所需要的奇迹。"

这个穿着得体的男人就是卡尔顿·阿姆斯特朗，一名神经外科医生。这次手术他没有收取这家人任何费用，不久之后，安德鲁就能出院回家了。他恢复得不错，爸爸和妈妈高兴地谈论着使他们渡过难关的这一连串事件。

母亲低声说："那个手术真的是个奇迹，我在想，这个奇迹到底值多少钱呢？"苔丝眉开眼笑。她知道一个奇迹的真正价格：1美元11美分，当然，还需要加上一个小姑娘的信念与爱。

（戒急用忍　编译）

报恩以乐

一位老人，以报恩的名义来到一个小村庄，用传授音乐的方式，为贫瘠的"故土"马兰村播撒快乐的种子。这位老人就是68岁的邓小岚女士。

邓小岚，原北京市副市长邓拓的女儿。马南邨是邓拓的笔名，当年在《北京晚报》开设《燕山夜话》专栏的马南邨，就是为了纪念自己曾工作过十年的马兰村。

邓小岚在马兰出生，三岁后才离开，这里是她的根。1997年，她第一次回到河北保定阜平县城南庄镇马兰村小组，目之所及依然贫穷落后。她决心为故乡做些事，捐资助学，帮忙搞起了红色旅游。

2003年，邓小岚跟一位老阿姨回马兰扫墓，她想组织村里孩子们在烈士墓前唱首歌，可是没有想到，孩子们根本不会唱。这给她极大地触动。更让她深受触动的是，自己的故土，不但土地贫瘠，而且孩子们的心灵更加贫瘠。热爱音乐的她深知音乐的力量。她想，让这里的孩子学习音乐，那样，孩子们的心灵就会受到雨露的浇灌，孩子们也会更好地成长。

邓小岚开始了她每月一次的马兰之行，往返300多公里教马兰村的小朋友学唱歌。从哆来咪教起，继而教唱《念故乡》、《雪绒花》等曲调优美、格调高雅的名曲。

2006年底，邓小岚将自己家里的乐器拿来，并动员亲友捐赠一些，送到马兰村，她开始教孩子们乐器。吉他、电子琴、手风琴、小提琴和笛子等，让马兰的孩子们大开了眼界。这些孩子多为农村留守儿童，性情大都孤僻压抑，音乐打开了他们的心灵之门，让他们找到一条通往快乐的路。马兰村的乡亲们说："自打邓老师来教音乐，孩子们都变样了。"

经过几年的音乐传教，马兰村建起了小乐队，并在北京中山公园举办了小型音乐会，惊艳游人，引起轰动。2010年8月8日，在第四届中国优秀特长生艺术节开幕式上，马兰村小乐队表演后，全场掌声雷鸣，精彩出乎人们的意料。

马兰村，这个偏僻的老区小村，如今已经有村歌《马兰童谣》。歌中唱道："如果有一天，你来到美丽的马兰，别忘记唱一首动人的歌谣。让孩子们知道，爱在人间，清晨的花朵，永远的童年。"邓小岚用自己亲身经历劝诫马兰村的孩子们："当你有痛苦的时候，不愉快的时候，音乐能做你最好的朋友。一生中音乐都会给你们带来更多的感悟，心灵的支持，特殊的帮助。"

接受音乐洗礼的马兰村儿童，眼睛越发明亮，精神越发饱满，他们高声唱歌，开朗率真，脸上是发自心底的笑容。这样的改变，是邓小岚最大的欣慰。

马兰村，这个小村，曾给了自己生命的呵护，而今，邓小岚报恩以乐。

（陈志宏）

父爱助他练就模仿达人

"昔日脑大脖子粗，今天光荣上岗，如不热烈鼓掌，实在没脸登场啊！"这是他在模仿范伟。

"哎呀妈呀，你这不是难为我吗？我哪会模仿小沈阳啊？你说这是为什么呢？"他啪啪地在台上溜达了一圈，真有"小沈阳"的神韵。

"哎呀，这大伙都来了，我这小腿，就好比捷达、夏利、小面包，你要不鼓掌，我就搁这蹽。"罗圈腿一弓，帽子一戴，他又成了刘能。

他怎么就那么有才呢？

他叫赵玉琨，是黑龙江黑河市的一家凉皮店老板。别看在台上有说有笑的，可生活中的他并不是一个快乐的人。家庭有很多负担，早几年的时候，老父亲在床上偏瘫了很多年，等到日子刚刚好一点的时候，又发现儿子身上有了问题。两岁了，儿子还不会说话，开始他以为儿子属于说话晚的那种，有很多人说是不是孩子耳朵有毛病，他就领儿子去医院做了检查，检查结果是儿子弱智。他对这种说法非常不接受：我的儿子这么可爱，他怎么可能是弱智呢？他就上网查，等到他查到一个相关链接，有一种自闭症跟儿子的情况很符合，他很高兴，在网吧就想欢呼：我儿子不是弱智，可是，他越往下看，心里越凉，儿子的情况比弱智要严重得多。

为了给儿子治疗，2005年，他带儿子到了北京。当时借了很多钱，可在北京儿童医院挂专家门诊需要等一个多月，结果借的钱都花在了食宿上。姐姐说，那你来内蒙吧，不能病还没看钱花完了。他就去了内蒙。那时候正赶上中秋节，他给家人发了一条短信："匆匆北京七日游，离开已然至仲秋。救子良方无觅处，他乡明月添新愁。羞涩行囊腰先瘦，无颜面对儿眼眸。前路仍有九千九，飘零辗转几时休。"心酸甘苦，只有他自己清楚。

为了逗儿子开心，他开始模仿各种笑星的样子给儿子看。别人以为他很乐观，其实，他想通过这种表演，打开儿子心中那扇紧闭的大门，唤醒儿子的情感和情绪，哪怕只是听儿子叫一声"爸爸"。他的模仿惟妙惟肖，形神兼备，简直可以媲美于任何模仿达人。然而，他逗乐了周围所有的人，却没有逗乐儿子。可是还是有惊喜。有一次，他逗儿子玩，在儿子面前唱《火柴天堂》的时候，他发现儿子的眼光居然在自己脸上停留了足足有一分钟！仿佛看到了希望，他想是不是借助一下大的舞台气氛给儿子唱一首歌，说不定儿子会有更惊喜的反应。

2011年6月，他来到《向幸福出发》的舞台上，准备给儿子唱

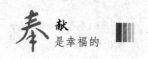
首歌。他提出了一个要求，就是希望把自己的这次演唱刻录成碟，回去后放给儿子看，他的心里始终有一个坚定的信念，他的儿子有一天一定能喊出一声"爸爸"。

他开始演唱那首藏在心底无数次演唱给儿子的歌曲："聪明的小孩，今天有没有哭？是否遗失了心爱的礼物，在风中寻找从清晨到日暮。我亲爱的小孩，为什么你不让我看清楚？是否让风吹熄了蜡烛，在黑暗中独自漫步。我亲爱的小孩，快快擦干你的泪珠，我愿意陪伴你，走向回家的路……"

父亲深深的呼唤，让所有人泪眼婆娑。他说："如果这首歌唱不到儿子的心里，作为父亲，他一定还会找到其他办法的！"

这就是一个普通父亲的爱。

（刘宏图）

感谢一路有你

2011年第51届世界乒乓球锦标赛女子单打决赛中，丁宁一路淘汰刘诗雯、击败李晓霞，捧到了象征着世界乒乓球女单最高荣誉的盖斯特杯。而丁宁的成功，身为朋友兼对手的刘诗雯功不可没。

彼此分一点时间给朋友

丁宁1990年出生于黑龙江大庆，小时候因为调皮，不知道闯过多少次祸。迫于无奈，在体育馆工作的母亲只好天天把她带在身边。就这样，丁宁迷上了乒乓球。后来，妈妈又把丁宁送到了体育馆对面的少年宫。于是，丁宁认识了"一生之敌"兼铁杆死党的刘诗雯。因为年龄相仿，又是老乡，所以两人一见面就倍感亲切，很快便成了形影不离的好朋友。

尽管训练很苦，但每个周末她们都会挤出时间安排活动，比如逛街、去朋友家里做饭等等。丁宁说："分一点时间给朋友，也许意味着身上会更脏一点，回家的时间会更晚一点，或者会错过些期待

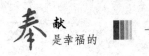

的动画片，但是与友谊带来的快乐相比，这些代价是微不足道的。"

因为表现突出，1997年刘诗雯去了广东女队，三年后丁宁也去了北京什刹海体校。此后的五年里，南北的距离并没有拉远两个人的友谊。丁宁说，她们一直通过信件联系，互励互勉。

互相提携，共同进退

2005年，丁宁入选国家队，这个时候，早进入国家队的刘诗雯已经相当有名了，但这并没有妨碍两个人的友谊。两个人住到了一起，见面的时间比待在父母身边的时间还长。针对2009年的丹麦公开赛，教练当时让队员自由组合，尝试与不同的队员配对。当时，丁宁的表现在人才辈出的国家队里并不显眼，但教练发现，当这对姐妹花组合在一起时，她们的攻击就会所向披靡。

其实，丁宁当时的心理压力极大。每天清早起来，她就跑到球馆里练球，刘诗雯经常跑去陪她。刘诗雯说："其实你的天赋，我们大家都看得到。只要你努力，坚持不懈地走下去，就一定能实现你的梦想。"丁宁非常感动，有了刘诗雯的鼓励，她更对自己充满了信心。

丁宁的必杀技是下蹲式发球，但这样的发球对膝盖的冲击很大。许多孩子都不堪忍受而放弃，丁宁也一度出现伤病。每次躺在医院里，刘诗雯不管多忙都会过来陪伴，给她打气。

丁宁常对朋友们说，如果不是刘诗雯，也许她早就放弃了打球。

她细微的关心是我一直坚持下去的原动力。其实我常在想，真正的在乎并不是那种探索人生意义的深奥谈话，有时一条短信、一个祝你成功的祝福更能感动人心。

努力不会白费，凭借两个人超强的默契和精湛的球技，2009年，丁宁和刘诗雯合作摘得了丹麦、中国公开赛女子组双人冠军，总决赛女双冠军的好成绩。她们俩也因此声名鹊起，渐渐成为国家队女队的主力。

互相鼓励，战胜挫折

2010年莫斯科世乒赛团体比赛中，丁宁遭遇滑铁卢。在决赛中，第一个出战的丁宁不敌冯天薇，导致中国队最终以1:3不敌新加坡而丢掉了冠军。在颁奖仪式上，姐妹花都流下了伤心的眼泪。

这让丁宁很内疚，她一直觉得是自己拖了国家队的后腿。之后的一段时间里，丁宁表现得有些神经质，刘诗雯便经常安慰她说："比赛哪能没有挫折，还记得小时候你和我说过的吗？你说你像钉子，越挫越勇。"

有一次，刘诗雯陪丁宁去孤儿院看望孩子们，丁宁带了好多礼物，刘诗雯趁机再次鼓励丁宁："你这样堕落下去不是办法呀，你看那些孩子拿着礼物多开心，就算他们没有回报你什么，你照样会觉得很值。其实打球也是这样，忘记我们所得到的，牢记所付出的，只有这样，我们才能正确地对待挫折，才能有动力做得更好。"刘诗

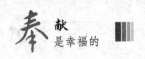

雯的话深深打动了丁宁，再次回到国家队后，丁宁便又重新焕发了活力。

事实上，为了进一步挑战丁宁的心理素质，赛场上，刘诗雯可从没给过丁宁任何面子。以前是如此，现在也是如此。但丁宁并没有任何不快，她笑着说："我知道，她是为了我好。强者恒强，我是不会被挫折打倒的，我只会将挫折作为继续前进的动力。"也正是在好友刘诗雯的打磨下，丁宁迅速成长，终于成为第一个通过比赛拿到了世乒赛单打资格的女队员。之后，她一路过关斩将，顺利赢得了属于她的最高荣誉。

无论多忙，都要分一点时间给朋友；无论朋友处于何种境地，都不离不弃，用自己的真心去帮助对方，使之能够重新面对挫折。丁宁与刘诗雯的友谊就是这样，彼此用真情实意，互帮互助，在实现自己价值的同时，也使对方收获精彩。

（王国军）

挺直腰杆做人

　　每天清晨6时许，在深圳宝安区沙井街道的黄埔路上，就会出现一个单薄的身影，只见他身穿橙色环卫制服，清扫垃圾很认真，一干就是两三个小时。附近居民不禁好奇，这么年轻的孩子，咋会做环卫工呢？一问才知道，小伙子原来是环卫工老刘的儿子，假期里替父亲顶几天班。

　　他叫刘小军，今年20岁，就读于江西农业大学。为了减轻家里负担，他自高中时就利用假期打工赚钱。但他不自卑，埋头专心学习，有时忙得连午饭都忘了吃。他很清楚，只有读书才能改变命运，这是自己唯一的出路。这次学校放假，他特意赶来深圳探望在此务工的父母，才知道一直在装修公司做事的父亲，已经做了环卫工，挣钱十分不容易，却担心影响他的学习而瞒着他。他永远难忘刚抵达深圳时，见到父亲的那一幕：父亲在街边清理垃圾，因为身上衣着单薄，被风吹得瑟瑟发抖。父亲那憔悴瘦弱的背影，让他的心仿佛被什么东西扎了一下，很疼！也许在外人看来，父亲很卑微，但在他心里却是最伟大的，尽管家里穷，父亲依然身体力行地教导他自强，不因贫困而自弃。替父亲扫大街，原本就是做儿子的分内之事。他发誓要通过不懈的努力让自己成为父母的骄傲。他自信地说，是亲情，给了我奋发向上的动力！

在宜宾市的主干街道和一些居民小区，经常会出现一高一矮两个拾荒的身影。他们是父子俩，儿子带着父亲拾荒，是为了让父亲熟悉地形。儿子将捡来的垃圾按类别分装好背到回收站卖了钱，立即不顾劳累返回大学校园，开始忙着自习和查阅资料……

他叫李代刚，8岁时，父母因感情不和离异，父亲患上了间歇性精神疾病，病情时好时坏。后来他发现，当父亲心情愉快、受到亲人的鼓励时，情绪就会很稳定，从那时起，他便经常陪伴和鼓励父亲。考上大学后，李代刚为了能经常和父亲在一起，多些面对面的照看和情感交流，决定带父求学。他把父亲安排在大学附近的一间出租屋里，为了不让父亲闲着，又张罗着给父亲找了份打扫卫生的工作。然而不久，父亲就因反应迟钝被辞退。好不容易找到的工作"泡汤"了，父亲受不了刺激，嘴唇颤抖得厉害，躺在床上直哭。李代刚猛地跪倒在父亲床前，泪流满面地解劝，爸，一定要想得通，我们受了那么多苦，你看看你的儿子多么坚强。李代刚的孝心让父亲慢慢止住了悲伤。此后，他又动员父亲拾荒补贴家用，一来时间比较自由，二来接触的人比较少，受到的歧视会少些。

"拍拍身上的灰尘，抖擞疲惫的精神……"每每遇到困难的时候，李代刚总要哼唱这首《豪情壮志在我胸》。他不仅学习成绩名列前茅，课余还参加了学生会工作。他的事迹感动校园，荣获"中国大学生自强之星"提名奖。他激动地说，是自强，给了我藐视困境的勇气！

酷暑天气，一个小伙子在宜昌某工地当搬运工。大热天，他舍不得买水，总是喝自来水；工地食堂的粗茶淡饭，别的工友嫌差，他为了保证充足的体力干活，总是大口大口地吞咽……没人知道，能吃苦的他竟是一位打暑期工的在校大学生。

他叫张义波，出生5个月父亲去世，9岁时母亲病故，从此和爷爷奶奶相依为命。18岁时，生活又给了他一记沉重打击：爷爷病逝。从此，家庭的重担全部落在了他稚嫩的肩上。他上大学的学费，是一位不愿透露姓名的好心人资助的。学费解决了，吃饭的钱还是没有。他到处应聘，终于在学校餐厅找到了第一份工作，免费包两餐，每月还能有100元收入。生活费有着落了，可家中还有80岁的奶奶呢？他又在校图书馆兼了一份职，每小时4元钱；此外还兼任文明监督员、周末出去发传单、帮人做家教、在超市促销……最累时，他连说话的力气都没有了，回寝室倒头就睡。几份工打下来，他每月有600多元的收入，自己将每月伙食费控制在200元左右，其余的全寄给奶奶。两年下来，他一共寄给奶奶5100元。

后来在学校及好心人的帮助下，张义波的生活压力逐渐缓解。他主动减少了打工项目，开始做一些爱心活动来回报社会。汶川地震时，他三次向灾区捐款；得知新生中有特别困难的，便从生活费

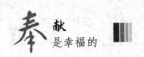

中捐出600元钱给同学解难；周末，他带领同学到敬老院去看望老人，并用打工挣来的钱为老人们买礼品。到大三后，他牵头成立了"阳光家教社"，组织优秀学生为周边小学农民工子女及家庭困难的学生提供免费家教服务。张义波的事迹感动了全校万余师生，他以自己的热心、爱心和勤奋，赢得了别人的尊重，被学校推选为"五四青年标兵"和"孤儿励志明星"。他自豪地说，是爱，给了我关爱他人、回报社会的信念。

这三个年轻人，或家境窘困，或遭遇艰难，或身世坎坷。但他们都没有自暴自弃，没有绝望沉沦，反而怀抱一颗感恩、上进、回馈社会的心，激情满怀地生活着，踏踏实实地前行着。是心中对生活的那份热爱，给了他们挺直腰杆做人的底气！

（吕保军）

母爱的高度

2011年7月2日中午13点30分，杭州市滨江区白金海岸小区里，一位年轻的妈妈正在家中照顾自己吃奶的孩子。孩子吃饱了奶，甜甜地进入了梦乡。她把孩子放进了摇篮里，打算休息一会儿。这时，楼下传来了尖叫声。

她急忙跑到楼下，这时，她被眼前的景象惊呆了。一个小女孩挂在了10楼的窗户上，马上就要掉下来。9楼的人家正从窗户里伸出一把梯子，试图把小女孩接住。可是，他失败了，小女孩直线往下坠落。

事后，曾经有人推算，这位小女孩离地面27米，时速为每秒22.36米，坠下的重量为334.5千克，而坠地的时间只有1.2秒，这个时间是不容人采取更多的措施的。在楼下围观的人群都惊慌失措地看着坠落下来的小女孩而束手无策时，一股强烈的母爱本性驱使着她，使她快步跑了过去，伸出了自己的双臂。

她成功了！她成功地用自己的双臂接住了小女孩。不过那一刻，她感受不到这种成功的喜悦。因为，她被巨大的重力打倒在地，昏迷了过去。大家急忙拨打120急救电话。她的左臂骨头断成了三节，小女孩的内脏出现多处破裂。好在，救人者与被救者现在都已脱离了危险，众人都为她们高兴，为她们祝福！

她叫吴菊萍，其见义勇为的英勇之举引起了当地政府和社会各界的高度关注，杭州市政府更是授予她杭州市"见义勇为积极分子""三八红旗手"的光荣称号，而她也被网友们亲切地称为"最美妈妈"。对于这些突如其来的荣誉，吴菊萍诚惶诚恐，不知道该怎么面对媒体。她说，我是一位母亲，我只想救孩子。

无独有偶，她是广西省西林县那佐苗族乡弄汪村八古屯一位普通的瑶族妇女。2010年11月30日，她搭乘亲友的车从西林县城回八古屯看望年迈的公婆。车子开出县城，天便下起了大雨。汽车在盘山路上行进时，由于下雨路滑，事故发生了。汽车冲出路坎，向山下30余米的深沟翻滚。

事故发生的时候，车子里坐有5个人，其中有一个3岁的男孩。在车子翻向深沟的一刹那，巨大的冲力把小男孩从母亲的怀里甩出来，飞向车外。这一刻，她奋不顾身地用双手接住了小男孩，把他紧紧地抱入自己的怀中，用自己坚实的脊梁护着这个小男孩。由于没有双手支撑，她被从后排甩向前排，双脚被绞到了方向盘里。当救援人员赶来时，三位大人都受了重伤，她的双腿也被变形的方向盘和座位绞断，而她怀中的孩子却安然无恙。

她叫廖秀英，事发的时候她刚刚过完43岁的生日。为救孩子，她的双腿高位截肢，再也站不起来了。但是，她用双腿换回了小男孩的平安、前途和幸福。事发后，廖秀英的壮举感动着国内外社会各界人士，人们纷纷为她捐款捐物。2011年7月，她被评为"第三届感动中国"模范人物候选人之一。

吴菊萍与廖秀英都是母亲，她们所救的孩子都不是自己的亲生骨肉。但是，她们用自己的原始母爱塑造了母爱的高度。这个高度跨越了血缘，跨越了金钱，跨越了国度，成为人们仰视的标尺。

（清风明月）

为那些我们不认识的人打拼

　　因为工作的关系，我在一个教育慈善基金会拥有了一群好朋友。每次见面，我的心都被感动涨得满满；每次离开，我都已在脑中拟出了一份繁复的行动纲领，一些原先看起来绝对不可能的事此刻变得让我乐于尝试。

　　基金会的会计绰号叫嘟嘟，是一个快乐的女孩儿，每次见她都是笑笑的，我跟她说："嗨宝贝，你有一张让人忘忧的脸。"她说："跟着姚秘书长干，不由得你不开心哦！"说着，冲高大温煦的姚秘书长扮个鬼脸，姚秘书长则报以长者亲切宽厚的微笑。嘟嘟跟我说，对基金会而言，收到善款和发出善款的日子都是节日。"你知道吗？基金会在有大进账的日子里我会唱歌的！"说完，自己先笑得没了眼睛，听到这句话的人也都哈哈大笑起来。

　　那是我刚参加工作的时候，每天都盼着有进账，盼着有大进账。虽然前辈告诫我说："善款不能分额度大小。几百万元可能只是一个人财产的九牛一毛，而几百元却可能就是一个人的半份家产，在爱心的天平上，它们是等值的。"话虽这样说，我还是觉得大额进账更能调动我的兴奋细胞。

有一天，很晚了，我接到一个电话，忙问对方："先生，您是想捐款吗？"对方沉吟了片刻，说："我不是想捐款，我想让你帮忙找一下你们的理事长。"我有些不高兴，但还是耐着性子将理事长的电话号码告诉了他。我跟对面办公的刘老师说："唉，看来今天我们不会有进账了。"没想到过了一会儿理事长竟激动万分地跑到我们中间，说："进账！进账！今天有大进账！"我冲到他跟前问："一百万？"他欢笑着说："还要多！"——"啊！还要多？两百万？"我问。理事长居然说："还要多！"我不由自主地欢呼起来，说："再多，我……我就要唱歌了！"大家团团围过来，问理事长"大进账"究竟是几多银子。理事长说："大进账只能进银子吗？刚才有一位先生打来电话，自报了家门，竟是我久仰的一位大儒商！他说，他刚刚过了60岁生日，打算退下来了。他身体棒，脑子清，有爱心，一直关注并欣赏我们的基金会，还曾以匿名的方式多次为我们基金会捐款。这一回，他决定不捐财物了，他要向我们基金会捐出一份特殊的礼物——10年的岁月。从60岁到70岁，他来基金会打工，分文不取！"大家激动地鼓掌；而我也欣然践诺，放声高唱基金会会歌。想知道这位捐出10年的先生是谁吗？他就是我们的姚秘书长啊！

嘟嘟的故事讲究了，我的心却执拗地停在那"大进账"的欢悦中不肯回来。午餐的时候，我与姚秘书长对坐用餐。他不停地问我："需要汤吗？要不要再添点米饭？"温煦体贴，犹如父兄。他有一张

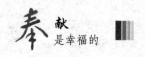

名片，职务栏只有两个简单的字：义工。他来自台湾，却甘愿为大陆的贫困孩子奉献10年光阴。从花甲到古稀，多少人专心养生，多少人放情山水，多少人含饴弄孙，但是，姚先生却毅然选择了为不相识的苦孩子奉献10年光阴。

姚先生告诉我说，他是被基金会的宣言感召来的，基金会的宣言是："我们的一生，大部分的时间在为自己及孩子打拼，但在我们离开世界之前，总要留一点时间及金钱，来为那些我们不认识的人打拼，这样生命才更丰盛，才更有意义。"

（张丽钧）

你的价值

　　一个著名的演说家在他的研讨会上，手持一张20美元的钞票开始了演讲。在可以容纳200人的场所里，他问道："谁想要这张20美元钞票？"大家都把手举起来。

　　他说："我将把这张20美元钞票给你们当中的某个人，不过，首先，请允许我先这么做。"他把那张钞票弄皱了。然后，他问道："谁还想要它？"大家仍然举起了手。

　　他回应道："好吧，那如果我这样做呢？"这时，他把钞票扔到地上，并开始用他的鞋子猛踩，好像想把它踩到土里面去。

　　随后，他拾起那张钞票，钞票已变得褶皱不堪而且脏兮兮的。"现在还有人要吗？"大家仍然举起了手、

　　"朋友们，你们所有人已经上了一堂很有价值的课。不论我对这张钞票如何处置，你们始终都想要得到它，这是因为，钞票本身并没有贬值，它仍然值20美元。"

　　在生活中，由于我们自己所做出的选择以及周围的环境，我们经历了无数次的失败、挫折，被生活无情地折磨，我们感到自己太

渺小了，对此无能为力。但是，无论发生了什么或将要发生什么事情，你永远都不会失去你存在的价值。

不论是脏兮兮还是清洁干净的，被弄皱的或是被优雅地折叠，对于那些爱你的人来说，你仍然是无价之宝。我们生命的价值不在于我们是做什么的或是我们知道些什么，而是我们是怎样的人。永远别忘记：你是独一无二的！

（梁开春　编译）

常理的就是幸福的

1995年，美国的《华盛顿邮报》和日本的《朝日新闻》做了同题目的两个问卷：这个世界上什么样的人最幸福？《华盛顿邮报》得到三个答案：富人、有权者和成名者；《朝日新闻》只得到一个答案：强者。出人头地，功成名就，这恐怕是大多数人对幸福的答案。然而，果真如此吗？

2009年春节，诺贝尔物理奖获得者、美籍华人崔琦先生，回到他的故乡河南，中央电视台节目主持人杨澜赶赴河南采访他。

话题自然从崔琦的故乡河南切入。杨澜心想，如果当初崔琦目光短浅，不愿离开家乡，没有走出河南，也许崔琦就不会有今天的巨大成功，就不能创造他人生的最大价值，登上幸福的巅峰。

于是杨澜问，如果当年你没有离开河南，你今天会是什么样？而崔琦的回答，却让杨澜大吃一惊。

崔琦说，如果我没有离开河南，我的父母就不会在三年困难时期被饿死。如果时间能倒流，我宁肯陪在父母身边，免得让我终生活在自责、内疚的痛苦中。说罢，崔琦竟低下头，痛苦地抽泣起来。

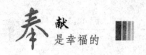

　　崔琦先生没有因为获得诺贝尔奖而增加幸福感，相反，从踏出故土的那一刻开始，他就背上了沉重的十字架，陷入内心深处难以愈合的伤口里不能自拔。

　　和父母妻儿厮守一生的芸芸众生，怎么也想不到，诺贝尔奖获得者崔琦先生的最大愿望、最大幸福，竟是能像他们一样，做一个能给父母养老送终的普通人！

　　被英国媒体称为"东方之星"的斯诺克选手丁俊晖，从8岁开始，就在父亲严厉的训练下，进行着近似与世隔绝的"封闭式训练"。丁俊晖在这种环境下，加上他的悟性，球技进步很快。13岁时，丁俊晖就获得了亚洲邀请赛季军。从此，"神童"称号不胫而走。2005年，丁俊晖夺得了中国公开赛冠军；2009年12月，斯诺克英锦赛中，丁俊晖以10：8战胜希金斯封王，震惊世界体育界；2011年，丁俊晖成功打人2010／2011赛季最后收关大战——世界斯诺克锦标赛四强，取得了人生的巨大辉煌。

　　丁俊晖的成功，让许多望子成龙的家长竞相效仿。他们想复制丁俊晖成长的模式，用"魔鬼训练"打造自己家的"神童"，好让孩子能尽早摘下最大、最红的"幸福果"。一时间，"台球少年班"成为一股持久不降温的热潮。

　　然而，丁俊晖是怎样看待自己的成功和幸福的呢？他在回答记者提问时，目光中闪烁着一丝晶莹的泪光。他说，如果让我重新选择人生的话，我是绝不会打台球的。因为打台球。我失去了童年应有的快乐和童趣，我甚至连一个童年的小伙伴也没有。在那种单调、乏味的封闭式训练中，我成了不会说话的木偶，循规蹈矩、亦步亦趋。这是，一种痛苦，更是一种不幸。

那些在山野中冲冲打打，在操场上嬉笑游戏的孩子，那些在无忧无虑的顽皮中度过童年的普通成年人怎么也想不到，他们眼羡的大明星、大红人丁俊晖，竟然向往他们童年的幸福。

是的，合乎常理的就是幸福的。权大权小，健康真好；钱多钱少，快乐真好；有名没名，活着真好。蜂飞叶落、萝卜白菜、挑水担柴，那些质朴的常理就是幸福。而幸福从来都拒绝复杂，一片云、一场雨、一个微笑，甚至一个眼神，都能折射出幸福的光芒。

（许松华）

心安比富贵更重要

在自己的出租车上拾到价值150万的黄金，成都市的士司机曾文华没有将其占为己有，而是主动还给失主。曾文华的单位康福德高出租车公司，对他这种拾金不昧的精神进行了奖励。

"你到哪里?"当曾文华的出租车经过水碾河路段时，有人站在路边招手拦车，他便将车停下来，然后望着对方询问。

那个拦车的男人回答："到梨花街。"

拉开车门，男人坐在副驾驶座位上，五十多岁的模样，说话带着江浙口音。因为沟通不流畅，曾文华与他交流得比较少。到梨花街后，男人边接电话边下车。后来有乘客进来坐副驾驶座位，曾文华才看到在副驾驶座位底下，放着一个很不起眼的纸箱。曾文华估计这个箱子是那个中年男子落下的，他将捡到纸箱的事，打电话报告公司。

曾文华的母亲开杂货铺，他开车到母亲的门面前休息。与母亲聊起捡到纸箱的事，母亲提醒他打开箱子查看。曾文华稍微撑开箱子的缝隙看进去，原来里面是闪闪发光的黄金首饰!

知道箱中的物品后，母亲要求儿子："马上将它还给失主。"

"现在怎么还呢？"曾文华说，"因为失主是乘客，下车以后匆匆而去，没有留下任何联系方式，弄不清楚他究竟在哪里。"考虑几分钟后，曾文华给公司领导打电话说明情况。

担心小偷来盗，更深夜静时曾文华干脆抱着纸箱，一夜，他翻来覆去睡不着。

熬到天刚蒙蒙亮，曾文华抱着纸箱赶紧起床，给成都电视台打电话。曾文华当着记者的面打开纸箱，将里面的黄金取出来，有手镯、项链、耳环……各种黄金、铂金饰品，用杆称称，有3.45千克！按照黄金现在每克450元的市场价，这箱黄金至少值150万元！

对于每月收入约3000元的曾文华，即使不吃不喝也要50年才挣得到150万元，虽然纸箱中的黄金对他具有不小的诱惑，但是他毫不犹豫地确定将其还给失主。

在记者的陪同下，曾文华将箱子送到所属的康福德高出租车公司。因为以前没有遇到过价值这么高的失物，所以领导不知所措，只得打电话报警，由警察来处理。

突然接到出租车公司领导的报警电话，正在值班的派出所副所长羊树森要求把箱子送过去。仔细查看后，因为纸箱外面没有任何名字、电话及地址，找到失主非常困难。

曾文华的妻子杨小芬在珠宝柜台上班，恰好认识标签上的品牌。通过这种品牌的柜台工作人员，杨小芬打电话联系上经销商，幸运

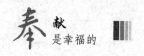

的是，经销商刚好知道与他们合伙做生意的江苏人郑禹贤丢失了货物。于是，杨小芬让对方到万年场派出所见面。

郑禹贤来到派出所门口时，刚进门曾文华就认出他。看见的哥曾文华后，郑禹贤欣喜若狂，忽然扑上去抱住曾文华反复说谢谢，他绷紧的心弦终于放松下来。看着已经丢失两天又复而出现的黄金，郑禹贤十分激动地说："真是做梦也没有想到，我的东西还能找回来。"

"从知道箱子里面是黄金以后，我就一直处于紧张状态，毕竟从来没有见过这么多的黄金。如果把它藏起来，我这辈子都会背上包袱，就不会有真正的轻松、自由与幸福。"成都电视台采访时，曾文华告诉记者，"心安比富贵更重要，不求富贵，但求心安。"

（杨兴文）

不要疏远落魄的朋友

人生在世不可能始终一帆风顺，挫折、背时，起起伏伏，在所难免。昨天的权贵，今天可能成了平民；巨富大款，一夜之间也可能一贫如洗……在商品社会这种现象更不罕见。

对于落魄者来说，从天上掉到地下其痛苦心情自不必说，而且还可能带来人际关系的变化、调整，他们周围的人们，特别是朋友也将面临着考验。

从实际情况看，人们对落魄者通常有两种态度：一是冷落疏远，回避交往。这些人面对"倒霉蛋"，躲得远远的，生怕沾上了晦气，惹出麻烦；即使躲不开，不得已见了面，也没有以往的热情。这种态度往往令落魄者心寒，足以使友谊从此决裂，很难再修好。二是一如既往，保持朋友关系，继续关心他们，帮助他们渡过难关，再次扬起人生的风帆。不言而喻，第二种态度更有积极意义，更符合处理朋友关系的原则。实践证明，在落魄时认识的朋友、结成的友谊是最令人珍惜的。所谓莫逆之交、患难知己，往往就是在这种情况下形成的。

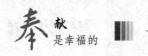

在文革中，有一位领导被关了牛棚，没有人敢接近他。他的心情很苦闷，一度丧失了生活信心，动了轻生的念头。就在这时，他的一个部下不怕受连累，主动来见他，给他送东西，并开导他，批评他不该有轻生的糊涂念头，鼓励他活下来，前途是光明的。他从朋友那里得到了安慰和温暖，终于坚持了下来。后来，这位领导又官复原职。他十分感谢这个部下在自己落魄的关键时刻拉了一把，才有了今天，他把他当成亲人、知己。这个部下得了重病，他把自己的全部积蓄拿出来给他看病，又把他接到自己家里养起来。你看，在落魄中形成的感情有多么深厚。这个事例生动地说明，对待落魄者的态度不仅是对一个人交际品质的考验，而且也是建立真正友谊的契机。

当然，落魄者的情况各不相同，有的是政治原因，有的是思想品德所至，还有的是工作失误的结果。在与之交往时应该根据不同情况处之，但是，有一些共性原则是应该遵循的。

1．不忘友情，继续交往

一般情况下，落魄者陷入困境时易于产生自卑、不如人的感觉，不愿与人接触，政治上犯错误的人更是如此。这时，作为朋友不能嫌弃他们，应真诚主动地和他们继续交往，使他们看到在困难时刻有朋友在自己的身边，有助于使之克服悲观情绪，振奋起来。比如，某单位有一个干部写匿名信被罢官，在这一打击面前，他终日闭门不出，很多朋友远离了他，家里几乎没有人再来。这时，他的一位同事主动上门来看他。一见面，他的眼泪不由自主地流了下来，说："我跌跟头后，你是唯一一个来看我的人，感谢你！"他握住同事的手久久不放开。这位同事对他说，谁都会办糊涂事，出了事改了就好，友谊不能因此而受影响。在这位同事的开导下他情绪稳定了，决心彻底革心洗面，重新做人。

人在走运的时候离不开朋友，在落魄的时候更需要朋友。正直的人们应勇敢地踏进落魄者的门，继续与之保持友谊，帮助他们站起来。这才是正确的态度。当然，与落魄者交往有时候是有一定风险的。为此，必须有一点儿勇气，还要保持理智的头脑，做到在政治思想上要站稳立场，在个人感情上要看重友谊，在交往中要对落魄者施加正面的积极的影响。这样做既是重友谊的表现，也是朋友应尽的责任。

2．真心诚意，具体帮助

对落魄者进行安慰、开导，使他们从孤独苦闷中解脱出来，这既是他们最需要的，也是对他们的最大帮助。特别是有些落魄者思想负担较重，对自己的失误、问题缺乏正确认识，甚至有抵触情绪。对他们就应多开导帮助，分析问题的症结，解开思想扣子，使之放下包袱，轻装前进。

与此同时，还要帮他们解决一些具体问题，使其顺利渡过难关。

有一个干部因思想作风问题犯错误受了处分，他对自己的问题认识不深，以为是领导存心整自己。在这个单位待不下去他辞了职，老婆又和他离了婚。如此内外交困使他心灰意冷，产生了破罐子破摔的念头，成天酗酒。他的一个战友听说后主动上门推心置腹地和他谈心，指出他的问题就是不注意改造思想，自以为是，听不得反面意见，结果栽了大跟斗，劝他接受教训，再爬起来。在战友的鼓励下，他开始反思自己，终于提高了认识，从苦闷中解脱出来，鼓起了生活的勇气，精神面貌发生了很大的变化。不久这个战友又帮他联系到一份工作。他对朋友的真诚帮助，不消说有多么感激。他说："如果没有朋友的帮助，我可能就从此沉沦下去。在悬崖边上朋友拉了我一把，帮我找工作，这种恩德终生难忘。"

此外，从经济上给予帮助有时也是必不可少的。有一个个体运输户做买卖赔了本，又因偷漏税被罚款，搞得他穷困潦倒。他到处求人借钱补窟窿，遇到的多是白眼、闭门羹。就在他走投无路的时候，一位邻居大哥很讲义气，把自己多年节约下来的3000元钱借给他还账，对他说："你落难，我心急，这点儿钱不多，你收着。"的确，这点儿钱并不能解决很多问题，可是这种帮人解难之举使他深受感动。后来，经过奋斗这个个体户又发达起来，但始终不忘这位邻居大哥，两个人成了挚交好友。需要指出的是，从经济上帮人解难要量力而行，因事制宜。比如对因歪门邪道、赌博滋事等搞得落魄的人资助时就要十分谨慎。因为，染了这种恶习的人是很难洗手的，对他们就要慎用经济手段。

3．交往有度，分寸适当

落魄者的心态与常人不同，在强烈的落差下有的人自惭形秽、自暴自弃，也有的则更加自尊、敏感。所以，与他们交往要特别注意把握言行态度的分寸，切忌以居高临下的姿态，或以教训人的口气和他们说话，而持平等态度、平和的口吻，体现对他们的尊重和信任则使他们更易接受些。在交谈的话题上，要注意其避讳，不要轻易地触及他们的"伤口"，以免刺激他们引起反感，造成难堪。

有时候，落魄者存有偏见，且比较固执，一时转不过弯来，和他们打交道时应有足够的耐心，要允许人家保留自己的看法，不要轻易说人家不可救药。那种恨铁不成钢的态度无助于他们改正错误，最好让他们在冷静的思考中解决问题。

总之，面对落魄者我们做的事情就是要尽一个朋友的责任，尽可能帮助他们放下包袱，改正问题，继续前进；同时使彼此的友谊经受住逆境的考验，得到发展。

（高永华）

活出一个好人格

人活着容易，活好不容易，活出一个好人格更不容易。

活在世上，无追求、无抱负、无理想，庸庸碌碌，懒懒散散，凑凑合合，得过且过，十分容易。因为胸无大志，苟且偷生，便无责任和使命，便无负担和义务，便无目标和奋斗，便不用支付脑力体力而受劳累。飘飘然、悠悠然、陶陶然，吃饱混天黑，当一天和尚撞一天钟或连钟都懒得撞，岂不轻松哉！

活在世上，活好就不容易了。活好如负重攀山，需要意志和胆魄，需要付出汗水和心血，付出超人的代价，克服意想不到的困难，经受难以忍受的挫折和承受难以承受的压力，要进行艰苦卓绝的努力和非凡的磨砺。大家都熟悉的明代医学家李时珍从小阅读大量医书，后来跟随其父行医考察药物。其编写的药物学巨著《本草纲目》历经千辛万苦，历时27年。明代地理学家、旅行家徐霞客从22岁起，用了三十多年的时间考察了我国十多个省，对地理、地貌进行了详细的描绘，著作《徐霞客游记》倾注了毕生的心血。美国科学家、发明家爱迪生出身贫苦，只读了3个月的书，但立志成才，锲而不舍地进行创造发明,虽经别人多次嘲笑,仍矢志不移,发明了电灯、留声机、蓄电池等,后被人们称为"发明大王"。

活在世上,活出一个好人格更为不易,除了具有活好的一切条件外,还具有更深的蕴藉。

我所在的工厂经济效益很好,厂内有一位年轻貌美的女工,追求她的人很多,然而她却嫁给了一个农民,用世俗的眼光来看简直不可思议。我去过他们的"小家"——租了一间仅10平方米的郊区小土房,没有席梦思和高档的家具,但小两口却相濡以沫,白菜豆腐也吃得津津有味。经了解原来她所嫁给的是她过去的同学,两人感情笃深,已超脱了物质的"诱惑"。后来她丈夫拉板车不幸被撞断了腿,半身瘫痪住进了医院,花费甚巨。这时她已经有了两岁的孩子。一个人的工资养活三口人,其生活拮据可想而知。丈夫不忍连累,劝她改嫁,她执意不从,精心呵护着丈夫和孩子。同事们见状深为感动,捐了不少钱,使她一家的窘况略为好转。

由此我悟到:活出一个好人格是一种道德上的靓丽,是一种精神上的完美,是一种修身处世的口碑,是一种睿智达观的境界,是一种心胸的豁朗和蔚然,是一种无私的奉献和赠与,是一种仁义宽厚谦逊达观的品行,是一种宠辱不惊、富贵不淫、贫贱不移的操守,是一种执著奋进、坚韧不拔的魄力。

古人把人生应有的追求概括为:立德、立功、立言。立功、立言一般平民百姓很难企及,但立德却是每个人通过一言一行的努力

可以做到的。活出一个好人格就是"立德"。

见穷人鼎力相助，见弱者携手相帮，对同志和蔼谦逊；劳苦之事争先，饶乐之事能让；尊老爱幼，邻里和睦，见贤思齐，克己奉公，淡泊名利……尽管在当今充满铜臭和算计的世界上，这可能会被某些人认为是"迂腐"，认为是"傻冒"，但这确是立世做人的根本，这确是正直良善的行操，这确是人们应有的效仿，这确是希望闪光的所在。

物欲横流，但人格不能亵渎。活出一个好人格不是说起来诱人感慨的神话，不是影屏上人物的放大，而应成为每个人自觉的行为规范。那时，这个世界将充满深情和友善，将充满阳光和鲜花，将洋溢着春风和绿色。阴霾不会将人们的心灵遮盖，这个世界将变得更加真实和可爱。

愿我们抛弃势利和狭隘，抛弃怠惰和颓败，抛弃停滞和无聊，抛弃嫉妒和陷害，抛弃禁锢和疑猜，坦坦荡荡地做人，踏踏实实地办事，清清白白地处世，点点滴滴地修身。

愿每一个人都能活出一个好人格！

（韩　杰）

错过不是过错

　　给你打一星期电话了，你家人都说你不在，我知道如果一个女孩子每天都很晚才回家，那意味着什么。今天总算找到你了，是直接打到你单位的。当我问你最近是不是很忙，你迟疑了一下，说有一点儿。你又说自己的生活有了些变化，想约个时间和我谈一谈。我发现你的话尽力避免在无意中刺伤我，你变得爱护我了，在不必要的时候。

　　在电话里，你的嗓音清脆而动听，虽然平时也是这样，走在我身边，你时常说点儿洋洋自得的笑话，自顾自地笑了起来，仰向天空。两个人真实地走在一起，我有点儿拘束。我属于那种和女孩相处就不好意思的男孩，尤其对方是你。在活蹦乱跳、不时瞅瞅这棵树又摘摘那片叶子的水一样的你面前，我觉得自己像一块愚笨的石头，仅仅会走动而已。心情不好时你会哼一点儿忧郁的歌给我听，主要给自己听。隐隐约约我们性格之间有那么一点儿不协调，很难更深入地触及对方的内心世界。

　　这类散步主要发生在你们单位的大院子里。我每次去，你偷偷

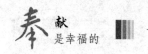

溜出来，陪我在那有限的天地里尽可能玩出点儿新花样地转来转去。最初领我看花园里的喷泉，你说你常一个人哀伤地望着它，能忘掉所有的事情。后来你指点我认识大院里品种繁多的花树，你说得出它们各自的名字，我老老实实，像跟随着中学时的植物老师。再后来是小商店，再后来还是那几条路。再后来再也没有什么地方可以逛了。

我很羡慕那种潇洒、会玩的男孩，他们擅长设计一些别致的游戏、令人耳目一新的巧合，来打动浪漫女孩的心。然而我总是学不会，况且学着也累。我自己的心本来就裹得深深的，一般人很难打开它。

人总是愿意和最使自己快活的人相处，人总是向最能改变自己的生活靠近。我悲哀地发现，自己是那么难以改变你。我很难带给你完整得能覆盖一切的欢乐或思想，施予你的生活足够的影响。我很难使你产生离不开的感觉。在你面前我改变的仅仅是自己，狂热的时候装得冷静，嫉妒的时候显得宽容，幼稚的时候掩饰以老成……你告诉过我："爱应该有水的品质、火的性格，应该有使两颗心托起于地面的羽翼，应该有飞行于空中的幻觉以及最切实最强烈的碰撞。"

我们有过美好的相遇，像一片云和另一片云；有过友善的相处，像一阵风和另一阵风。然而我们缺乏足以震撼心灵的碰撞，这就是两个人的天空未能产生闪电或雷鸣的原因。我们精心地播种、细心地浇灌并耐心地守候，却未能如愿以偿地迎来期许已久的华丽，就像一把深沉的吉他竭尽全力也奏不出更辉煌的音乐。

我觉得我们都应该重新寻找真正属于自己的世界了。既然命中注定将擦肩而过，请允许我保留这最后的潇洒，"我轻轻地挥一挥衣袖，不带走一片云彩"——虽然我将一如既往地感谢相遇时的阳光、风雨以及一句哪怕最平淡的问候，它们毕竟曾经映照过两个人的天空，并使一个故事得以微笑着在记忆中存在……

（洪　烛）

还　情

　　一对老夫妻报警：他们收到了一个神秘的包裹，包裹里是整整一万元。

　　钱是假的？警察帮他们一张张检验，一百张，张张都是真的。

　　这是一个陷阱？包裹里夹着一张纸条，写着这样一段话：本公司2010年抽出10位幸运人士，你被幸运抽中。这一万元是公司送你的幸运钱，我们送到你手上，望你别担心有诈，请放心。警察分析，一般的诈骗案中，骗子都是找各种理由让当事人汇出钱，哪有骗子直接先送你一万元的？不像是骗局，也看不出有什么陷阱啊。警察查来查去，一头雾水。

　　有人劝他们，既是真钱，又确实是寄给你们的，你们就收下，改善改善生活呗。可不弄清楚钱的来路，老两口哪敢随便要这个钱？为了这个来路不明的包裹，老两口愁得茶饭不思，这钱竟成了一块心病，老太太更是急得病倒了。

　　事情到了这一步，投递包裹的人终于现身了。她是老两口的一个忘年交，两家常有走动，包裹正是她寄的。问她为什么要以这样的方式给老两口寄钱，她说是为了还情。

孩子小的时候，就在附近的小学读书。那时候，孩子每天下午三点多钟就放学，而她和丈夫都要快六点才下班。这中间的三个小时，成了空白地带，孩子没有人管。学校边上有个自行车棚，她就让孩子每天在车棚里等她。而老两口，那时候就在车棚边经营着一家小店。有一次，在车棚里等妈妈的孩子，咳嗽得很厉害，老太太闻声心疼地将孩子喊进了自己的店里，给孩子倒了杯热水。天黑了，当她心急如焚地赶到车棚接孩子时，却惊喜地看见，孩子正坐在老两口的店里，安静地做作业呢。

问清了孩子的情况，老两口对她说，今后孩子放学了，就让孩子坐在他们的小店里等她吧。

就这样，孩子从小学一年级开始，就坐在老两口的小店里，一直坐到了小学毕业。一坐就是六年。老两口特地给孩子弄了张小桌椅，方便孩子一边等妈妈，一边做作业。有时候，她来接迟了，孩子已经跟老两口一起吃过了晚饭。孩子亲切地喊老两口为外公外婆。

对老两口，她一直心存感激。她以各种各样的方式，表达对老两口的谢意。

中秋节到了，她买了一盒月饼，带着孩子去看望老两口。老两口喜滋滋地收下了。可是临走的时候，老两口硬是送还她两盒月饼。她自然坚决不肯收，老两口脸都变了：要是不肯收，下次再也别来了。她只好收下。

快过年了，她托人从乡下买了一条家养的猪后腿，准备作为年货送给老两口。老两口一见礼物，乐得合不拢嘴，好多年没吃过正宗的乡下家养猪肉了。可是，临走的时候，老两口硬是送还她两条金华火腿，老两口说，火腿大硬，我们吃不动了，你们帮帮忙。她无奈地收下。

重阳节到了，她给老两口每人定做了一件唐装，老两口开心得不得了。这一次，老两口没回送她礼物。可是第二年儿童节，老两口给孩子买了一个新书包，还有一套漂亮的服装。

她发现，每次送给老两口礼物，老两口一定加倍送还。她觉得自己欠老两口的，越来越多。于是，她想出了这个主意，偷偷地给老两口寄钱。

事情真相大白，老两口心里的一块石头，总算落了地。老两口将钱还给了她，对她说，经常带着孩子来看看我们，比什么礼物都好。

她点点头，豁然明白，有些情是不需要还的；有些情是一辈子也还不完的。

（麦 父）

善良的"熊猫姑娘"

　　周晓娟是甘肃一个普通的农家女孩，2003年中专毕业后，一直在兰州一家民营企业打工。就是这个体重只有100斤的"80后"姑娘，却在11年间累计为危重患者捐献了4000多毫升"熊猫血"。网友们亲切地称她为最美的"熊猫姑娘"，赞扬她血液里流淌着真善美。

　　周晓娟第一次献血是在2000年，当时她19岁，正上中专。"第一次献血，没什么目的，也不是响应什么号召，就是听说只要符合一定条件就可以献血，于是就去了。"周晓娟说。

　　当时，她并不知道自己血型是稀有的RH阴性，直到2007年，甘肃省血液中心召开献血者联谊会，她才知道自己是特殊的少见血型。但她并未感觉自己有多金贵，只要患者有需要，她就会一次次捋起袖子献血，以致她成了省血液中心的"救火队员"。只要血液中心一个电话，她就毫不犹豫地前往，从没说过一个"不"字。血液中心的工作人员无不为之感动："娟子姑娘太善良了，任何时候都是随叫随到，她已成为许多RH阴性血患者生命危急时刻的最后一道

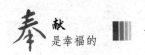

屏障。"

其实，周晓娟的家境并不富裕，父母都是农民，两个妹妹和一个弟弟还在上学。她的工资几乎全都贴补了家用，而她至今没有一个固定住处，每隔几个月就要搬一次家，对此她很无奈："每次搬家抱着衣服被褥、锅碗瓢盆穿梭在偌大的城市，心里的那种滋味真是难以名状。"尽管如此，她也未曾以稀有血型为自己谋取任何报酬。许多患者为感谢她的救命之恩，非要酬谢她，都被她婉言拒绝。她说："我只是做了一点儿平常事，我不想因为帮了别人一点儿小忙，就一定要别人来感谢我。"

虽然周晓娟很轻松地说献血是平常事，实际却一点儿也不平常，她献出的每一滴稀有血液，对那些危重病人来说，是再多黄金白银都难以换取的。她至今记忆犹新的一次献血，发生在2008年10月。那天下午她正上班，突然接到一个电话，请求为其家属输注 A 型 RH 阴性血小板。她立即赶往甘肃省血液中心。这也是她目前唯一的一次捐献血小板。由于整个过程不仅比献全血要复杂，而且时间比以往要长很多，她心里不免有些忐忑，因而采集过程中出现了一些不适感，她硬是咬牙坚持了下来。每当说到当时的紧张心情，她总是显得不好意思："看着鲜红的血液沿着不同的透明塑料管，流入三个密封塑料袋内，最后部分血液又流回自己的身体，不紧张那是假的。虽然最后连帮助的对象是谁都不知道，但我一点儿也不后悔，只要能挽救病人的性命，我受点儿苦算不得什么。"

父母非常担心这样下去会拖垮女儿的身体，劝她不要再去干傻事了，她一次次地向父母讲解献血的常识，虽然父母勉强被她说服，却总一直为她悬着心。

为了挽救更多的危重病人，周晓娟还创建了"熊猫之家"QQ群，有30多名群友。周晓娟说："要将这个QQ群建成一个重要平台，一旦有患者求助，就能多一条路径。"

从第一次献血至今，周晓娟坚持了11年，但她依然时刻在为挽救危难患者而准备着。当有人问她到什么时候才会停止献血时，她一脸纯真地说："想到自己的血液在他人的身体里流淌，能使另一个人的生命获得重生，这确实是我感到最幸福的事。"

（张达明）

我只是一个普通人

"虽然这是社会捐赠给我的，但是你们更需要，快拿着……"

"不能收，真的不能……"

身体前倾，手里擎着善款一个劲儿地往对方手里塞；话语焦急，眼中满含发自内心的热切——这是2011年11月11日发生在山东省龙口市人民医院的一幕。因救人被车撞伤的龙口姑娘刁娜，在出院前做的最后一件事，就是坐着轮椅去看望被她救下的王园园，并把社会各界捐给她的一万元善款转赠给她。双方含泪争执不下，现场的人无不动容。

2011年10月23日傍晚，龙口市飘起了蒙蒙细雨，天色比往常暗了许多。5时许，刁娜和爱人开车经过龙口市通海路富龙搅拌站附近。大眼睛的刁娜模模糊糊地看见路上似乎躺着一个人，她和爱人急忙停车，果然看到一个女孩被车轧伤，头上、身上都是血。

刁娜看到这样的情景，立即想到了佛山的小悦悦。"这里车来车往，能见度又非常低，司机一不留神可能会再次撞上她，绝不能让小悦悦的悲剧再次出现。"她和爱人果断作出决定：赶快救人！两人冒雨站在受伤女子前方，打手势、喊话，指挥过往的车辆绕开受伤女子，同时拨打了120急救电话。

几分钟里，有很多辆车在刁娜和爱人的指挥下绕行。天色更加灰暗起来，能见度越来越低，120急救车还没有赶到。刁娜的爱人去车里拿提示牌，以做更明显的提醒。他刚上车，就听到砰的一声，赶紧出来看，发现刁娜被一辆轿车撞倒在地。原来，一辆疾驶而过的小轿车躲闪不及，撞倒了刁娜……

不久，120急救车把刁娜和受伤女孩接到医院急救。经诊断，刁娜右腿严重骨折，而被及时救治的伤者，虽然脑部、耳膜和肋骨等多处受伤，但幸亏抢救及时，已经脱离了危险。听到伤者王园园脱离危险的消息时，为此付出了一条腿的代价的刁娜忘记了自己骨折的剧痛，她欣慰地笑了："一条腿换一条命，值了！"被救的王园园的家属则是百感交集，如果不是刁娜，王园园很可能会再次被碾压，生命不保，而他们的家也将从此不再完整。

与此同时，这起车祸也打破了刁娜平静的生活。面对数十家媒体的轮番"轰炸"，刁娜表示，自己只是一个普通人。她说："说我'以身挡车'有点过了。我本人其实很普通，以后还想做个普通人，不想别人来打扰我的生活。其实，这种事情每个人都能做，就看有没有心！"说起将社会善款转赠给王园园时，刁娜再一次重申自己的观点："我就是一个普通人，做了一件普通的事情而已。"

2011年11月11日，"最美女孩"刁娜出院。我们在她的微博上

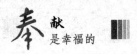

看到这样的话："我是一个普通人，我只是不想让小悦悦的悲剧重演，只是希望世间从此没有小悦悦。"

刁娜为救人付出了一条腿的代价，但她认为：她不是"高、大、全"的英雄，她就是一个普通人，做了一件普通事。是的，她来自千千万万普通如你我的人群中。然而，正是普通人的一次善行，甚至一个举手之劳，也许就可以挽救一个人的生命，还原一个家庭的完整和幸福。

（雷春芝）

让我的爱融进你的生命

　　她是山东文登市电业总公司的一名女工。一年前，她参加了单位组织的造血干细胞志愿者报名活动，成为一名正式的造血干细胞捐献志愿者。

　　2011年1月14日，她接到了威海市红十字会工作人员打来的电话，说她的造血干细胞留样与苏州一位女患者初配成功，问她是否同意捐赠。她知道非血缘造血干细胞配对成功率非常低，仅为几十万分之一，这种机会能够幸运地降临到自己头上是一件多么值得庆幸和自豪的事啊！因此她想都没想，就毫不犹豫地说："没问题，我同意！"

　　2011年4月8日，她从威海坐了一夜火车来到济南省立医院，顾不上休息就让医生开始做采集造血干细胞的各项准备工作，每天两次皮下注射细胞动员剂。因为药物的作用，她的大腿到腰部均出现了强烈的酸痛，让陪护在身边的丈夫心疼不已。这时本来瘦弱的她却反过来劝慰丈夫："没事的，坚持一下就好了，患者还在等着我救命呢！"

　　四天后，她终于被推到采集室里。为了挽救患者的生命，必须从她身上采集110毫升的造血干细胞，这样就需要她的全身血液体外循环，相当于全身的血液循环3遍。采集和输血都顺利完成了。

　　从9月开始，这位苏州患者病情出现了反复，免疫力急剧下降，再次恳求她捐献淋巴性造血干细胞。因为距离上次捐献还不足半年，她的身体还未完全康复，连续捐献会对身体造成极大的伤害。

　　丈夫和家人都不同意她再次捐献，但她最能体会到一个年轻母亲希望健康活下去的愿望。

　　她告诉丈夫："现在就我一个人能救她，如果我见死不救，我一辈子都会良心不安。救人一命本身就是莫大的幸福。"最终，她拗过了所有人，获得了家人的理解与支持！

　　经历近10个小时的颠簸，她再次来到济南省立医院。本来就缺钙的她由于眩晕，一度无法完成淋巴细胞的采集，可她最终以顽强的毅力坚持了下来。2011年10月28日上午9时许，她再次躺到采集室的病床上，经过8000余毫升的血液体外循环后，12时30分，终于采集到64毫升的淋巴细胞，完成了她的第二次捐献。

　　她叫吕明玉，今年37岁，一个平凡的女工，半年内两次躺上手术台捐献造血干细胞，用爱心为他人奏响了生命续曲，以博爱奉献的精神感动着社会，被网友誉为"最美中国人"。

　　面对记者的采访，吕明玉只是淡淡地说："我只是做了自己该做的事，如果知道捐献造血干细胞就能救一个人而不去做，就像看到一个人掉进水里，拉一把就能救他上来却走开了一样，我会后悔一辈子。让我的爱融进你的生命，我不想有遗憾。"

有人说，爱是生命的火焰。的确，只要心中有爱，就会点亮生命，创造人间奇迹。

（王　娟）

青春的一抹孝痕

　　18岁的她是重庆某信息工程学校的大学生。自从那天下午，她偶遇一位八十多岁的老婆婆，答应会常去探望她之后，这个家境窘困的女孩的周末便跟其他学生不同了：她周末时到学校附近的那家农家乐干传菜的活儿，打工一整天的报酬是30元。发了钱，她便买上蛋糕、牛奶等食物送到婆婆家去。做得最多的就是把学校发生的事和农家乐听到的稀奇事，讲给婆婆听。很多时候，她从婆婆的表情中知道，自己讲的话对方根本听不清楚，但是婆婆很照顾她情绪，不管她说什么，均不时用"要得"回应，且辅以孩子般的快乐笑容。只要听到婆婆说"要得"，她就觉得很满足。每次跟婆婆道别时，她都会叮嘱："你一定要注意身体。"老人的回应仍是那句口头禅："要得。"

　　三个月后，婆婆去世了。那天她也去了灵堂，在冰棺旁守灵了大半天，很多不知情的人还以为她是婆婆的亲孙女。直到婆婆的儿孙们把一幅"人间真爱，关爱老人"的锦旗送到她的学校时，她用端盘子挣来的血汗钱替婆婆伴老解闷直至送终的事，才被人知道。

女孩就是黄晓雪。

　　她21岁，是华中师大的大三学生。18个月前，大学好友思思患病去世，临终前曾拜托她照顾自己的母亲。面对思思的临终托付，她毫不犹豫地答应了。坦白讲，年少的她当时并未意识到承诺的分量，直到有一天，思思妈妈突然给她打来电话说，你放了假回家住几天吧！那一声"回家"，让她心头一震，突然觉出了自己肩膀上的责任与重担：我该怎么去完成这个托付呢？尽管她还未想清楚以后到底该怎么做，但担当起对另一个生命的承诺，帮思思妈妈尽快走出失去女儿的阴影刻不容缓。于是，她认了思思妈妈做干妈，即使学业再紧张，也要挤出时间赶到干妈家中，听她倾诉、陪她聊天、伴她逛街……她是个懂事、细心的女孩，每逢干妈情绪低落时，她就讲在学校发生的高兴事，比如自己拿奖学金了、过英语四级了、上党校了；干妈洗完澡，她抢着洗衣服；干妈做饭时，她就陪在旁边洗菜、聊天。干妈终于走出了阴霾，欣慰地说，你是我活下去的希望！脸上露出了久违的微笑。

　　女孩就是曹恒蕾。

　　他们是武汉科技大学的大三男生。国庆长假前夕，他们颇感为难的是：回家团聚还是出外旅游？几位大小伙子一商量，很快想出了一个两全之策：每人只花300元，结伴到各自的家乡去旅游。住同学家，这样既能回家看望父母尽尽孝道，又能出外旅游放松心情。这一新颖独到的"尽孝游"提议，很快便得到了大伙的广泛响应，

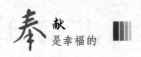

当即就有八位同学报名。他们不仅给同学父母捎去礼物表示心意，还白天逛景点，晚上像一家人般围坐在一起促膝谈心，汇报各自在学校的情况，畅谈下步的学习计划。这个国庆节，八位大学生过得特别充实而富有意义。

一个没有孝心的人，就好比失去了心脏，只剩一具躯壳存于世间，已丧失了生命的意义。三个故事里的主人公，在年轻人个人成功价值取向甚嚣尘上的今天，不但孝敬自己的父母，还想到非血缘关系的人，把"尽孝"变成一种风尚，其身上体现出的传统孝道美德让人钦佩。他们的青春因践行孝善而丰实厚润，给人生留下了一抹闪亮的履痕！

（保　军）

何炅的坚持

　　在一家电视台综艺节目组的办公室里，负责人又绞尽脑汁使出了十八般武艺反复劝说了半天，何炅耐心地听完之后，仍旧坚决地摇了摇头："我还是不同意您设计的娱乐环节。"何炅坚定的态度让负责人非常无奈，对方苦笑着说道："现在综艺娱乐节目的竞争非常激烈，如果不想出更新潮更稀奇古怪的点子，我们的节目肯定会被淘汰。我们很荣幸能请到您这样有影响力的主持人，希望能够通过您推出更劲爆的游戏环节，从而在收视率上能够创造佳绩。"

　　负责人说完之后，紧张地看着何炅，希望他能够同意自己设计的游戏环节。可是何炅还是一如既往地摇头，这时，何炅微笑着说出了自己的想法："在收看我节目的观众里有很多年纪很小的孩子，您设计的那个游戏环节虽然很好玩，但是恶搞的程度太厉害。孩子们最喜欢模仿，这些游戏对成年人来说只是游戏而已，被恶搞的人无非是一笑而过，可是孩子们之间这样互相恶搞的话，很有可能造成意外的伤害和冲突，这就是我不愿意把这个游戏环节加入到节目中的根本原因。"

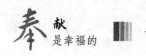

　　何炅的话让负责人陷入了沉思，可是他还是有些不甘心放弃自己的创意："如果不用这些新奇刺激的游戏节目，那么收视率很难有所提高了。"

　　"我知道咱们做综艺节目这行的压力非常大，竞争非常激烈，如果不积极地求新求变，那么很快就会被淘汰掉。"忽然，何炅话锋一转，继续说道，"可是我们做节目应该有自己的底线，那就是让大家只是单纯的高兴，而不会产生负面的影响。比如刚才你说的那个节目，就容易给孩子们一种错误的心理暗示，让他们去开一些过火的玩笑。我们设身处地为孩子着想一下，你希望自己的孩子用学来的过分恶搞的手段去四处惹是生非，不仅让被恶搞者受到伤害，而且还让他自己也因为恶搞他人成为同学朋友之间最不受欢迎的人吗？所以，我们要给孩子传递一种积极乐观的生活态度和轻松诙谐的语言表达方式，却绝不能给他们带来任何负面的心理暗示，这是对每一个孩子最大的保护，也是我们应该尽到的责任。"

　　何炅说完这些，节目组的负责人也点了点头，他的话让负责人心里大受震动，半天都说不出话来。在何炅的坚持下，当天在节目的录制中，所有过分恶搞的游戏环节全部取消，而没有了这些刺激的游戏，节目的录制仍旧非常成功。

　　那次节目录制之后，负责人和何炅成了非常要好的朋友。在一次接受采访的时候，负责人说起了这段往事，感慨不已："何炅的善良超乎想象！他对节目的每一个细节都非常谨慎，任何能够给观众带来负面影响的东西都被他坚决放弃了，他不仅是在做节目，更是在传递一种充满阳光而又安全无比的生活方式，让每一个看他节目的人都在潜移默化中感受到鼓舞和温暖。"

我们每个人都应该具备一种不伤害他人、不伤害自己而又乐观生活的态度，并且用这种态度去影响身边的每一个人，去影响整个社会，这就是做人的善良。

（王者归来）

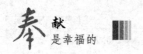

幸福的对象

不丹国王访问日本，带给日本国民很大的震撼。不丹虽然物质不丰富，但是97％的国民认为自己很幸福。相反，日本国民的人均收入超过4万美元，每年却有三万多国民有自杀倾向，所以日本政府宣布以后不再以GDP为基准，改为调查人民的幸福指数。

很多人都误以为金钱就等于幸福，其实不然。很多有钱人活得并不快乐，最显著的例子就是美国的休斯，他富可敌国，却活得非常痛苦，他有严重的强迫症，害怕细菌、害怕传染，不敢跟人接触，什么都不敢吃，最后竟然被饿死。

最近十年来，心理学家开始研究幸福感：人如何才能感到幸福？构成幸福的条件又是什么？

哈佛大学的研究发现，不必每天都有值得庆祝的大事，很多快乐的小事累积起来的能量超过一件快乐的大事。我们过去都把幸福寄托在未来或别人身上：等我娶到她、等我升到总经理、等我存到一百万元……

研究发现，这种大事带给人的幸福感不及人每天都有幸福的小事，如能力被老板肯定、同事爱戴你、吃到好吃的食物都会带给你快乐，这些累积起来的快乐能量大于久久爆发一次的快乐能量。昨天下大雨，有个全身淋湿的交警告诉我，他在指挥交通时，有位女士把车窗摇下来，对他喊道："辛苦了!"他说，顿时疲累都不见了，相信对他说这句话的女士也是一样快乐的。

最近美国很多企业在推"10\5Way"，即员工在看到同事的十米之内，要做眼神的接触，五米之内要打招呼。他们发现员工因此快乐了许多，生产力和业绩都提升了。

一个研究发现，对生活不满意的员工，每个月要多请1.25天的假，换算起来一年少了15天的生产力；生活满意度高的大卖场员工，每一平方米可以多做21元的生意，一年就替老板多赚了三千二百万元，这就难怪现在大老板突然关心起员工的幸福了。

要增加自己的幸福并不难，研究发现，每天花几分钟写下三件你感恩的事；昨天所发生的有意义的事；发送一个正向的信息给你的亲友；运动10分钟，冥想10分钟。每天这样练习，你的思想会导向乐观，而且它完全不需要工具或设备就能做。有个公司发现四个月之后效力还在，没有做幸福练习之前，它的生产力和职场快乐指数在45分的量表上是23，做了以后上升到27。现在职场工作的压力都很大，其实社会支持是抵抗压力最有效的方式，它们的相关度是0.71，要知道抽烟和肺癌的相关才0.37，你就知道社会支持有多重要了。

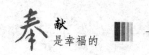

社会支持和幸福感，最重要的因素就是"给"，从服务他人身上得到自我肯定与自我价值。美国总统杰斐逊说：当蜡烛点燃另外一根蜡烛时，它自己没有损失，但是房间却更亮了。"给"才是幸福感最重要的因素。当你替别人着想、帮助别人时，别人快乐，你自己也幸福，这才走真正的双赢。

（菜　丛）

烈火真英雄

那是一个阳光明媚的下午，一位80后军人在湖南长沙黄花机场下了飞机，改乘大巴车回家探亲。这是他参军后第一次回家探亲。想到马上就要见到阔别已久的家乡和亲人，他的心情非常激动。家乡的山山水水，亲人们熟悉的面孔，就像是一幅幅图片，在他的脑海里闪现。正在他沉浸在马上要与亲人见面的喜悦中时，一场灾难突然降临。大巴车上的一名中年男子突然从座位上站起来，点燃了手中的红色尼龙提包，狠狠地扔到车厢靠后的过道上。瞬间，火苗腾空而起。面对突如其来的险情，乘客们惊慌失措，争相往车门挤去。

他没有挤向车门逃生，而是奋力朝着火苗扑去。他不断地踩着已经被燃着的地板，试图把烈火扑灭，可烈火却燃着了他的衣裤，烧灼着他的身体。他没有退缩，继续在烈火中奋战。就在他取得一定战果的时候，一个更大的灾难发生了。那个红色尼龙提包突然发生了爆炸。熊熊烈火瞬间吞没了整个车厢。

这时候，大部分乘客已经安全撤离，这时只要他跳出车门，在地上滚几个滚儿，他就可以脱离危险。可是，这时他听见车的后面还有乘客在呼救。在这生死的危急关头，他毫不犹豫地纵身向火海深处扑去。

车内浓烟四起，他根本无法看到任何东西，只能循着声音在火海里摸索。在座位的最后一排，他摸到了一位被玻璃扎伤的女乘客。他抱起她，奋力地把她从车窗里推了出去。他继续摸索，一个、两个……直到他确认所有的乘客都被营救出去之后，他才从火海中跳了出来。

车内45名乘客的生命保住了，凶手也被警方抓获了，而他却危在旦夕。经过诊断，他的全身烧伤面积达到90%，深二度烧伤面积达到40%，随时都有生命危险。经过15天的全力抢救，他终于从死亡线上挣扎了回来。

他的名字叫阳鹏。近日，已经出院返回部队的阳鹏被湖南省委授予"见义勇为先进个人"的光荣称号，并奖给他2万元现金。而阳鹏却把这2万元连同乘客捐献的钱一同转捐给了湖南省见义勇为基金会。阳鹏说："我是一名军人，没有更多的钱，但是我希望能够唤起更多的人加入到见义勇为的行列！"

烈火烧不倒，伤痛击不倒，困难吓不倒。这就是阳鹏，一位80后的军人，一位钢铁般的战士，一位烈火真英雄。

（杨金华）

一只鸡蛋的温暖

　　朋友曾在一个边远省份支教。当地很穷，吃得很差，有的孩子甚至是饿着肚子去上学的。为了帮助这些山区孩子，由政府出资，每天为每个学生提供一只免费的鸡蛋。

　　早读完之后，开始分发鸡蛋，每人一只。农村家家都养鸡，可是，那些鸡蛋大人是要拿去换油盐酱醋的，根本舍不得自己吃。没想到，学校会免费给大家分发鸡蛋，这让孩子们兴奋不已。朋友至今仍清晰地记得，第一天发鸡蛋时，有个男孩子一口将鸡蛋整个吞了下去，噎得直翻白眼。老师们又是拍背，又是抹胸，好不容易才帮助孩子将鸡蛋强咽了下去。每次想到这个情景，朋友就异常难过。他知道，这些可怜的孩子，因为难得吃到一次鸡蛋，才会那样吃啊。

　　可是，发鸡蛋没几天，就出现了意外情况。不少孩子拿到鸡蛋后，并没有自己吃，而是偷偷藏了起来。他们为什么要将鸡蛋藏起来呢？是鸡蛋不好吃？当然不是。情况很快就弄清楚了，那些将鸡蛋偷偷藏起来的孩子，是舍不得自己吃。他们想将鸡蛋带回家，与

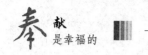
家人分享。

　　了解到这一情况后，学校作出了强制规定，发给每个学生的鸡蛋，必须自己吃，而且必须在早读后立即吃掉。为了确保每个学生都将鸡蛋吃掉，学校还组成了一个监督小组，朋友就是监督组的成员。

　　朋友告诉我们，真没想到，那些山里的孩子，为了能将鸡蛋省下来带回家，竟然想出了各种各样的办法和监督老师"斗智斗勇"。

　　有个瘦瘦的男孩子，每次拿到鸡蛋后，就表现出迫不及待的样子，噼里啪啦很夸张地用鸡蛋敲击桌面，剥完壳，张着大口，一口将鸡蛋吞了下去。嘴巴还"吧唧吧唧"地嚼得很响，"吃"得有滋有味。朋友站在教室的窗外，一连观察了好几天，终于发现了这个男孩子的秘密：每次他剥好鸡蛋后，都会悄悄将鸡蛋藏在一个塑料袋里，而将空手往嘴里一塞，装做将鸡蛋塞进嘴里的样子。朋友问他，为什么要将鸡蛋藏起来，男孩说，他的父母都在遥远的城里打工，几年才回来一次，他和奶奶生活在一起。奶奶年纪大了，身体不好，他想将鸡蛋带回家给奶奶吃，让奶奶补补身体。

　　有个女孩子，每次拿到鸡蛋后，总是吃得很夸张，嘴里鼓鼓的全是白色的蛋清和黄色的蛋黄。朋友仔细一观察，发现了问题。每隔一天，女孩子的嘴里才会鼓鼓的，第二天，则只是"吧唧吧唧"的空响声。原来她是隔一天吃一只鸡蛋，另一天的鸡蛋则被她藏了起来。有一天，朋友不声不响走到她身边，意识到自己的秘密被老师识破了的小女孩难为情地低下了头。她轻声说，家里穷，没钱买肉，吃的菜基本上都是菜园里的蔬菜，难得有荤菜。她隔一天省一个鸡蛋带回家，是为了让妈妈将鸡蛋做成菜。

朋友说，每发现一个孩子偷藏鸡蛋，他的心就会既酸楚，又温暖，既难过，又感动。这些将鸡蛋藏起来的孩子，都是为了省下来，带回家给家人吃。对这些偏僻的山里孩子来说，鸡蛋就是人间美味了，他们不想独吃，而希望与家人共享。但是，给每个学生每天发一只鸡蛋，是希望这些孩子能够健康成长，他们是大山的未来呀，鸡蛋必须让孩子们吃掉。因此，学校想尽办法，除了监督外，有段时间，甚至要求孩子们吃完鸡蛋后，将蛋壳上交。即使这样，仍然有不少孩子，想方设法将分给自己的鸡蛋藏起来，带回家。

不过，每次"抓"到藏鸡蛋的孩子，朋友从不当面指出来，他不想让这些孩子在其他孩子面前难堪。而自知被他发现了的孩子，也会当着他的面，将鸡蛋拿出来，恋恋不舍地吃掉。朋友说，如果不是亲眼所见，你绝对想象不出来，那些孩子吃鸡蛋的样子，那么投入，那么享受，仿佛他们吃的是天底下最好吃的东西。

有一次，朋友对一个经常藏鸡蛋的男孩子说，你正是长身体的时候，其实，你自己将学校发给你的鸡蛋吃下去，会让家人更开心的。男孩子看着他，郑重地点点头，很赞同的样子。朋友讲完后，男孩子忽然对朋友说，可是，老师，我把鸡蛋省下来给奶奶吃，比我自己吃，更让我开心哪。那一刻，朋友的眼睛湿润了。

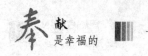

　　朋友感叹说，在城里生活了这么多年，从来没有体会到一只鸡蛋给他带来的如此强烈的触动。也许最好的办法，是让那些孩子和他们的父母远离贫穷、远离饥饿、远离苦难。但是，无论多贫穷，也无论多艰苦，一只鸡蛋就可以给我们传递无穷的温暖。

（孙道荣）

突如其来的生命奇迹

晚上将女儿安顿睡下之后，我在书房灯下读书，直至深夜近12点。忽然，手机铃声急促响起，一看号码是妈妈的。妈妈从来不会这么晚打电话，我顿时心里一紧。

"奶奶站起来了，奶奶能拄着拐杖走路了！"妈妈在电话那头大声向我报喜，声音抑制不住地激动。

一听这消息，我也开心得不知如何是好。原来，深夜奶奶说口渴了，妈妈倒了水用吸管喂她喝，奶奶说要坐起来喝，喝完之后奶奶又说要下床。没想到，下了床竟然颤巍巍地站起来了！妈妈又赶紧拿拐杖给她，她竟然拄着拐杖慢慢走了七八步。

这真是突如其来的奇迹！

奶奶95岁了。一个月前突然跌倒，突发脑溢血，送到医院抢救。医生最后摇摇头说：回家去吧。

回到家中的奶奶，已经不会说话，眼神空洞而涣散。几乎所有的晚辈，都做好了最坏的打算。寿衣、寿鞋等等用品都默默地准备了。人们说：95岁，老人家也是享福了，难得晚辈都还这么孝顺。

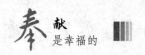

此时，唯有一个人没有放弃努力。他相信生命会有奇迹，哪怕在一个如风中之烛的老人身上也会发生。他就是我的爸爸。

爸爸说：如果我尽了全力，老娘还是走了，我无话可说。但如果要我眼睁睁看着我的亲生母亲能救而不救，眼睁睁地看着她离开世界，我万万做不到！

爸爸每天都请医生到家来给奶奶挂营养液，然后就四处寻医问药。他有几个学生在省城医院里工作，爸爸请他们帮忙找好药。一个学生推荐了一种治偏瘫的药，爸爸赶紧买来。每天两颗，一丝不苟地照顾奶奶吃下去。

吃药后两个多礼拜，奶奶原本不能动的右手右脚能够动弹一些了，再加上悉心照料，被医生宣判准备后事的95岁高龄的奶奶竟能拄着拐杖走路了——这是孝心和爱心换来的奇迹！

奶奶的奇迹让我想起几年前发生在某地的真实事情。

一个旅游景点的上山缆车在滑行到一半时突然失控，这个发了疯的缆车里载着十多个人，其中有一个一家三口，儿子才两岁多。大声的呼救在高空且高速失控的缆车里，像被疾风吹散的绒毛，转瞬消逝无踪。

高速下坠的缆车发出可怕的摩擦声，丈夫与妻子都知道，他们生还的可能是零，可是孩子怎么办？他才两岁呀！在缆车猛烈撞向终点山石的一刹那，夫妻二人同时合力高高举起了手中的孩子！缆车分崩离析，死神穿过他们的腿脚，穿过他们的脊背，穿过他们的

手臂，却在他们的手指戛然而止——手指之上，是他们两岁的孩子，

在汶川地震中，有一位憔悴心碎的父亲，因为他的儿子被埋在深深的废墟里。黄金72小时已经过去，废墟下的生命存活的可能性极微，然而这位执着的父亲绝不放弃，他一边不停呼喊着儿子的名字，一边坚持不懈地用手挖瓦砾，哪怕早已是血指露骨。废墟里面的儿子，意识几度处于涣散的边缘，却都被父亲的呼唤召回。

培根说：超越自然的奇迹，总是在对厄运的征服中出现。奶奶的奇迹，让我更加笃信人的爱心和强大的精神力量真的能创造奇迹，哪怕某件事情看上去已毫无挽回的可能与余地。

（钱灵芸）

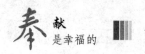
有爱就有光明和幸福

　　夜幕降临，秦淮河畔已是万家灯火，此刻，在南京索金村一幢住宅楼4楼的一个窗口上，依稀的灯光映衬出一位母亲的身影。她叫王璐，在等候着放学的女儿和下班的丈夫。远远望去，这身影显得格外清晰。她已这样守候了15年，15年间花开花谢，斗转星移，唯有这窗边守候的身影构成一幅凝固的风景，就像是屹立在巫峡上的神女峰，向人们讲述着一个动人的故事。

女儿啊，妈妈用眼睛换你新生

　　1981年，年轻貌美的江苏无线电厂女工王璐和军队医生李建平举行了婚礼，婚后不久，王璐凭着一手漂亮的小楷被调到厂部机关，搞生产计划。家庭的幸福和事业的进步使她对未来充满憧憬。然而，谁能想到厄运正向她悄悄袭来。

　　这天早上，王璐给丈夫做完早饭后骑车上班。突然，她感到一阵头晕目眩，她靠在车子上想使自己平静下来，可是随着眩晕的加剧，路旁的柳树和街上的行人在眼前渐渐模糊起来，一块黄斑在眼中扩散。她使劲擦了几下眼睛，黄斑却如同一片升腾的烟幕越散越大。随着一阵揪心的疼痛，她昏倒在路旁。

王璐醒来的时候，感到自己躺在一张温暖的床上，四周弥漫着消毒水的气味儿，丈夫正坐在床边，为她梳理着头发。她努力地睁开眼睛，眼前却一片模糊。

"我的眼睛怎么了？"

"没事，住一段日子就会好起来的。"丈夫安慰道。

可她哪里知道，丈夫此刻却心如刀绞。刚才，他接到了医院的会诊单：王璐得的是双眼增殖性血管炎。作为医生的他深深知道：这种病目前在国内无法治疗，最终会导致双目失明，况且医院连病因都找不到啊！

在医院里，王璐对生活极不适应，一次外出散步，眼睛看不清，竟然将衣服穿反了，当她知道后赶快往病房里跑，却又撞在了墙壁上，碰得鼻青脸肿。在以前看来十分简单的事情，现在却变得异常艰难。

李建平请了长假，整日守护在妻子旁边，端茶倒水，喂饭穿衣，形影不离。为了使她得到更好的治疗，李建平带着妻子去了上海五官科研究所，在这里王璐的眼底出血止住了，视力渐渐恢复了。

这天，王璐要出院了，为她治病的老教授将她带到办公室里嘱咐说："你的病虽然得到控制，但极容易引起反复，特别要注意这种病绝对不能生育，否则将再次失去光明。"

　　教授的话语如同晴天霹雳，王璐一下子惊呆了，她怎么也不敢相信自己的耳朵，因为，她知道早已有一个小生命在腹中萌动着。她无法面对这个现实，在失明的那段日子里，她曾有过多少可怕的想法，正是由于腹中的孩子，她才有了活下去的决心和与病魔作斗争的勇气。她不敢再想下去，抬起头向窗外望去，蓝天、白云、绿树、红花，世界是如此丰富多彩，对于重新得到光明的她来讲，这一切是多么的宝贵。她深知黑暗的可怕，不仅仅是生活上的不便，更重要的是内心的孤独、痛苦和寂寞。

　　孩子？眼睛？这两项对她来讲都太重要，她不能抛弃其中任何一个。可是，命运却偏偏捉弄她，她必须选择其一。

　　而此刻，丈夫李建平也处于深深的痛苦中，他深爱自己的妻子，而他也多么希望能有一个属于他们俩的孩子啊！

　　爱情是需要付出的，一个念头在李建平心头渐渐清晰了："璐，孩子我们可以领养，为了你，也为了我，把孩子打掉吧！"李建平几乎在哀求妻子。

　　爱一个人意味着什么呢？它意味着为他的幸福而高兴，为他的幸福而牺牲一切。一个早就萌生的想法在王璐心中更加坚定了：建平，我的眼睛不是好了吗？生孩子也不会有影响的。"她轻声地安慰丈夫。

　　时光流逝，王璐腹中的孩子在一天天长大，王璐的眼病也在一天天加重。

怀孕期间，王璐看东西越来越模糊了。她将家中的茶杯、暖瓶等日用品都放到固定的位置，在屋中反复踱步，记下物品间的距离，她在为以后做准备，万一真的失明了，她必须面对黑暗，而在黑暗中她必须学会生活，这一切，她都瞒着丈夫。

这一天终于来临了。

在医院里，经过剖腹产，女儿艰难地降生了，可是分娩的巨痛和久积的病情也同时爆发，王璐眼底大量出血。

孩子响亮的啼哭惊醒了王璐，她努力地睁开眼睛想仔细看一下女儿，可是眼前却一片黑暗，她急忙伸出手去，在孩子温软的肢体上反复抚摸着。她明白：教授可怕的预言变成了现实。

"孩子眼睛没事吧？"王璐急切地问道。

"没事。"丈夫呜咽地回答。

女儿满月时，丈夫为女儿取名李璟。璟，意思是玉的光彩，而王璐的"璐"则是一种美玉。丈夫为女儿起这个名字，是希望女儿成为妈妈心灵的眼睛，为玉增光添彩。

丈夫啊，妻为你死亦无悔

女儿在一天天长大，丈夫李建平的内疚也在一天天增加，他觉得对不起妻子。自从女儿出生后，他就操持了所有的家务，早晨上班前为妻子做好早饭，下班后又忙着洗衣买菜做饭烧水，只要在家里，就不会让王璐干一点点家务，每天他第一个起床又最后一个睡下。为了治好妻子的病，李建平在家里为妻子设立了家庭病房，输液、打针、熬药、作眼部按摩。几年来，李建平带着妻子走了许多地方的大大小小的医院，然而，丈夫的爱并没能控制王璐病情的变化，她的眼睛从双眼增殖性血管炎变为白内障、青光眼，后又恶化为视网膜剥离，右眼完全丧失了光感。单位里紧张的工作和家里繁重的家务使李建平日渐消瘦下去，一年下来，他就整整瘦了六斤。他对此毫无怨言，相反，正是在这全部的付出中李建平内心得到充实和安慰。

王璐却感到深深不安："自从失明后，自己丧失了生活自理能力。丈夫，不能照顾；女儿，无法抚养。"她觉得自己已经不能为这个家庭付出些什么了，"难道能让丈夫为自己劳累一生吗?"一个可怕的念头在她心头萌生。

这天，趁着丈夫不在家，她从枕头下取出一瓶安眠药，吞了下去。下班归来的丈夫发现后，将她送到医院抢救。

王璐苏醒后，含泪对丈夫说："建平，不能因为我拖累了这个家，不能因为我耽误了你和女儿的幸福，我们离婚吧!"

是的，王璐内心的确太痛苦了，她无法忍受黑暗世界的煎熬，更不能让丈夫照顾自己而操劳一生。在她看来，唯有如此，才能得到心灵上的安慰和灵魂上的解脱。

"是我对不起你啊!万一你走了，我和女儿怎么办!你活着一天我就会爱你一天，你失去了眼睛，我和女儿就是你的双眼!"

夫妻俩搂在一起放声痛哭,疾病可以夺去人的健康,但绝不会夺去爱。此刻,他们就像是两株紧紧依偎的橡树:根,紧握在地下;叶,相触在云里……共同分担寒潮、风雷、霹雳,共同享受雾霭、流岚、虹霓。永不分离,终生相依。

"为了丈夫和女儿,我要坚强地活下去,与病魔和黑暗抗争。眼睛看不见了,还有双手,只要能动,就要为家庭付出。"王璐心中暗自发誓。

困难对于弱者是绊脚石,对于强者却是前进的阶梯。趁着丈夫上班,王璐试着干些家务,擦拭物品,家中的茶杯全被打碎;烧开水,脚被烫起一排燎泡;点火做饭,眉毛头发被烧焦;切菜,指甲盖被切掉……一次,丈夫回家看到她正在炒菜,半个鸡蛋在锅里,半个鸡蛋在锅外。

"请个保姆吧?"李建平和妻子商量。

"不,保姆可以照顾我一时,但绝不能照顾我一生,我还年轻,不能靠别人照顾生活下去。"她只有29岁啊。她不想请保姆,不想在别人眼中是个弱者形象,单位领导曾多次劝她办理残疾证,她都拒绝了。

渐渐地,王璐不仅做到了生活自理,而且能做可口的饭菜。

李建平竭力为妻子创造一个良好的环境,他把家中的墙和门框用棉布包好,防止王璐碰头;每天上班前把菜洗净切好,用勺子将油盐酱醋等调料分好……

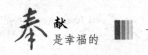

相互支撑的爱，使这个家庭之舟逆风起航。

妈妈啊，女儿为你点盏希望的灯火

李建平从小就告诉女儿"李璟"这个名字的含义，妈妈为她而失去双眼，长大后要爱护妈妈。在这个特殊家庭环境的熏陶下，女儿从小就善解人意，懂得照顾妈妈，体贴妈妈，疼爱妈妈。

这年春节前，王璐在家里将被褥拆洗了，缝被子时，线怎么也纫不到针鼻儿里，于是她对女儿说："妈和你做个游戏，瞧，这针上有个洞洞，你能拿线穿过去吗？"女儿扔掉布娃娃拿起线认真地穿了起来，可是怎么也穿不过去，女儿急得直哭。一分钟、两分钟……整整40分钟过去了，女儿终于将线穿了过去。王璐心中特别高兴，她感到，女儿虽然还不到两岁，但已经能帮她做些事了。

一次挤公共汽车，车刚停稳，机灵的李璟从人的缝隙中钻进去，一下蹦上车，抢了一个座位后，双手挥舞着对王璐喊：妈妈，座位！车上的乘客都惊呆了。王璐眼泪啪嗒啪嗒往下掉，是啊，女儿这么小，便懂得体贴妈妈，普天下哪个母亲能不为之动容。

受过良好家庭教育的王璐深知，音乐对开发孩子智力相当重要，女儿三岁时，她便送她到南京市少年宫学习弹琴。家离少年宫将近5里，丈夫工作忙，而且经常出差，接送女儿的事便落到了她的肩上。无论刮风下雨，每逢周六下午，人们便可以看到这样一幕感人的场景：一个女孩儿走在前面，牵着妈妈的手，妈妈的身上背着部大电子琴，遇到沟坎，女孩儿便回头搀扶母亲绕过；在少年宫，女儿在里面练琴，母亲在外面等候，直到下课后，母亲又背上琴由女儿领着回家。一次在路上，王璐一不小心被石块绊倒，额头流出了血，女儿将母亲扶起，哭着用舌头为母亲舔伤口。"妈妈，疼吗？咱们回家吧，下午我不去学琴了。""妈没事，乖孩子快领妈走，要不就迟到了。"几年来，在这条路上，王璐也数不清摔倒过多少次，可是女儿的课却一次也没误过。

女儿知道决不能辜负妈妈的苦心，学琴非常刻苦，再加上天资聪颖，她很快便成了班里的佼佼者。

李璟能够弹琴了，她献给妈妈的第一首曲子是<烛光里的妈妈)：妈妈，我想对你说，活到嘴边又咽下；妈妈，我想对你笑，眼里却点点泪花……每当母女独处时，女儿便为妈妈弹奏这首曲子；每当听到这琴声，王璐也就更加坚定了要顽强生活下去的决心。母女间的爱已成为相互间的动力，女儿为了妈妈要学好琴，妈妈为女儿要顽强地生活下去，这种人间最真挚的情感在母女心中汇成江河，纵横激荡，奔流不息……

功夫不负苦心人，在南京市少年宫举办的一次电子琴比赛中，李璟一举夺得了第二名，乐曲被广播电台播放，那首曲子正是《烛光里的妈妈》。回到家中，李璟径直走到妈妈面前，将奖牌挂在妈妈脖子上。王璐摸着奖牌，眼泪哗啦啦地流淌，此刻，她多么想仔细看一眼心爱的女儿，看一眼挂在胸前的奖牌……

爱拧成绳，三人之舟逆风远航

李璟很早就学会自立，3岁时在幼儿园举行的穿鞋带比赛中就夺得第一名；6岁上学，就能够转两次车到学校；放学回家，总要将省下来的早点钱为妈妈买个小面包吃；三年级便能够上街买菜，帮妈妈洗衣做饭；每次她陪着妈妈上街，总会替妈妈抹上口红，擦亮鞋子，摆正衣服，梳好头发，将妈妈打扮得漂漂亮亮。

女儿疼妈妈，妈妈更爱女儿。王璐从女儿小时起就教她背诵诗词，一天当女儿背诵《游子吟》时，王璐不禁心中一动，"慈母手中线，游子身上衣。临行密密缝，意恐迟迟归。谁言寸草心，报得三春晖。"她早想为女儿和丈夫织毛衣了，以前由于眼睛不好一直没动手，这次她下决心要为女儿和丈夫打件毛衣。

刚开始织时，每织一针都要用手指头顶住，两天下来，手指就扎满了血泡。丈夫看到后心疼，悄悄地将针线藏了起来。可是王璐又叫女儿找了出来，就这样三藏三找，丈夫终于拗不过她。王璐眼睛看不见，针脚时大时小，毛衣织了拆拆了织，两件毛衣整整花了一年时间。春节前，这两件毛衣成了王璐送给丈夫和女儿的新年礼物。丈夫的毛衣一直穿到现在，已经10年了，袖口磨破了，他也舍不得脱下。因为他知道，这哪里是一件毛衣，分明是妻子那浸透着血和汗的心啊！女儿的那件一直穿到小学毕业，至今仍然整齐地叠在衣橱里。

王璐眼睛失明了，但是在她心灵深处已张开另一双眼睛，将丈夫和女儿的爱看得更加真切。

丈夫上班、女儿上学，这段时间就成了王璐最难熬的时光。多年来，她能够准确地分辨出丈夫和女儿的脚步声，每当临近下班或放学时间，她就会站在窗边，等候丈夫和女儿的归来。虽然她看不到归来的丈夫和女儿，但是她知道，丈夫和女儿远远望到她，心中就不会焦急和担忧。

母亲／永远的守望里／有你的一份寂寞／母亲，母亲，你的白发耀痛我的眼睛。

在李璟的日记里，不知有多少这样让天下所有父母都为之动容的诗句，每当王璐寂寞的时候，女儿就会拿出日记给妈妈轻声地诵读。

每年元旦，女儿总要送礼物给爸妈，送给爸爸的是她亲手制作的贺年卡，送给妈妈的则是弹奏那首百听不厌的歌曲<烛光里的妈妈>：噢，妈妈，烛光里的妈妈，你的黑发泛起了霜花；噢，妈妈，烛光里的妈妈，你的脸颊印着这多牵挂……在这悠扬的乐曲声中，王璐度过了一年又一年。

居家过日子，锅勺总有个磕碰的时候，而李璟却能给爸妈做工作。一次，王璐和建平发生了口角，正在这时，女儿从里屋出来，悄悄地把一张卡片塞到父亲手中。卡片上画着两颗心，一颗代表爸爸，一颗代表妈妈，下面歪歪扭扭地写着一行字：爸和妈您们应该爱好和平不要吵，您说对吗？亲爱的爸爸。底下署名：爱你们的女儿，1991年9月8日。看着卡片，李建平不吭声了，一把抱起女儿说："有这么好的孩子，咱俩还有啥吵的！"这张卡片李建平一直保存着。那年女儿只有9岁。

自从失明后，王璐就待在家里，几乎与社会隔绝了。虽然家庭生活比较宽裕，但当她生活能够自理后，她就想："连最难过的生活关都过了，其他还算得了什么。"她决心重新返回社会。在丈夫和女儿的鼓励下，1996年，王璐加入推销员的行列，再次步入社会。

真正的爱能够鼓舞人，唤醒她内心沉睡的力量和潜藏的才能。王璐推销的是化妆品和洗涤用品，为了熟悉产品性能，她将所有的推销品都使用了一遍。白天，王璐靠打电话联系业务；晚上，在女儿的陪伴下上门推销。就这样凭着顽强的毅力和坚韧不拔的精神，她成了同行中的佼佼者。1997年3月，王璐作为厂家的成功推销员登上讲台，讲述了自己的奋斗历程，她的典型发言被制作成磁带公开发行。

然而，王璐并不愿提及她事业上的成功，因为这与她曾有过的苦难相比，与丈夫和女儿为她付出的倾心的爱相比，都已显得太微不足道了，她虽然失去了双眼，但已经走出了黑暗。

李建平说："是妻子改变了我生活的态度，我们早出晚归有饭吃，而且常换花样，这太不容易了，每当我在生活中遇到挫折时就会想，妻子在那么难的条件下都能够坚持住，我怎么能气馁？"

王璐说："是丈夫和女儿给了我生活下去的勇气和信心，没有他们的爱，就没有我的今天。"

女儿李璟的一句话深深打动了我们："长大后，我要当一名医生，治好妈妈的眼睛！"

他们的家庭像一对儿车轮，父母是轮，女儿是轴，在爱的支撑下，向着幸福前进。

采访快要结束时，在我们的要求下，女儿李璟为我们弹奏了那首《烛光里的妈妈》：噢，妈妈，烛光里的妈妈，你的腰身倦得不再挺拔；噢，妈妈，烛光里的妈妈，你的眼睛为何失去光华？妈妈呀，女儿已长大……噢，妈妈，相信我，女儿自有女儿的报答……

（星　辰）

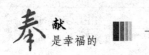
爱的姿势

2010年8月12日，年仅27岁的雷兴波长眠在了女友的墓旁。安葬他的父亲雷存林说，他们活着的时候那么相爱，他们遇难的瞬间那么紧紧相依，他们的爱情也一定会延续，就让他们永远在一起吧……

雷兴波是舟曲县的一名干部，他的女友叫王桂芳。原本，他们计划在8月份订婚，遗憾的是，那一天永远也等不来了。灾难发生的那天晚上，雷兴波下班后专程送王桂芳回家。就在他们走在崎岖的山路上，说说笑笑地感受着雨水的滋润时，刹那间，泥石流撼动着大地，疯狂地冲出山谷，瞬间吞没了近在眼前的村庄。只是那么一瞬间，泥石流便吞没了他们的家乡，凝固了一对正在热恋的年轻的生命。当救援人员在泥水中找到这对情侣时，时间已经过去四天，雷兴波和王桂芳依然保持着灾难突袭瞬间的姿势。他将她的头搂在自己的胸前，她则攥着他的衣服，紧紧地依偎在一起……这种于生死之间不离不弃的依偎，让在场的所有人都为之动容，为之叹息、落泪。

在这场灾难中，还有另一种爱的姿势令我们难以忘记。

　　今年46岁的陈建龙，到兰州出差时，顺路回了老家舟曲县，探望三年未见面的老母亲及兄弟姐妹。那天下午，陈建龙回到舟曲，三年没见面的一家人非常高兴，在一起热热闹闹地吃了一顿团圆饭。晚上，陈建龙为了多陪陪老母亲，就去了五弟家里住宿。孰料，那天夜间竟然发生了泥石流，这个回乡探母的舟曲汉子，不幸与老母亲以及其他随住的亲人一起遇难了！四天后，被泥石流塞得死死的房子被清理出来。陈建龙站在主卧室的床边，一只脚已经踏上了床，他的嘴巴大张着，为抢救床上的孩子，他的一只手已经伸向孩子的身边；陈建忠的爱人薛小娟跪在床上，双手也已扑向自己六个月大的儿子；客厅里，陈建忠站在大儿子住的次卧室门口，仍然保持着奔驰的姿势；而68岁的老母亲，被泥石流固定在储藏室的墙壁上，只露出一个脑袋，手里还拿着孩子的衣服……

　　五弟陈建忠家里堵塞的泥石流被清理完后，老二陈建新看着二哥陈建龙悲痛欲绝地说，本来二哥住在次卧室，如果不是跑到主卧室救孩子，可能也就没事了。二哥、五弟、五弟媳遇难时的姿势，都是不顾自己的生命危险为了救孩子，连我母亲的姿势都是为了给孩子拿衣服，怕孩子因雨水的涌入而着凉。

　　爱的姿势有多种多样，有的富有浪漫色彩，令人观之怦然心动；有的饱含生活气息，给人一种幸福的感觉；有的充满甜蜜和快乐，让人对未来充满憧憬。而舟曲泥石流灾难中被泥石流凝固的许多遇难者爱的姿势，既让我们为之涌泪，也让我们于万分悲痛中为他们

肃然起敬。这些爱的姿势，在我们心中已成为永恒的姿势；这些爱的姿势，是灾难来临时对亲人的不离不弃。这种最原始的情感，在巨大的灾难面前看上去是一种"小爱"，但无数的"小爱"汇集在一起，就成了弥合灾区群众心灵创伤的无边大爱。如果没有亲情的关爱，"心已经碎成了渣"的人们即便住进坚固的新房子中，也很难直面未来的生活。

灾难过后，"没了，才知道什么叫没了"，这是多么无奈而沉痛的认识，但是，许多遇难者不顾自己生死抢救亲人时留下的姿势，将会在灾区人民的心里成为永恒。这样的一种爱，是一种支撑他们走向未来的力量，这种人性的力量，将促使他们变得更加隐忍和坚强！

（卞梦薇）

寿衣没有装钱的口袋

　　如果没有猜错，世界上绝大多数人都有过一夜暴富的梦想，但在自己还没有成为一名富翁之前，提到有钱人，多数人的脑海里都会对他们产生"冷漠、吝啬、为富不仁"的守财奴印象。据法新社报道，2000年金融危机以来，美国的富人们就不大受人们待见。

　　但世界上偏有一些有钱人，专门和我们的思维模式作对，这些亿万富翁视金钱如粪土，把大把的金钱当作"肥料"播撒在贫瘠的土地上，让希望在穷人的心中绽放。2010年8月4日，由微软公司创始人比尔·盖茨和"股神"巴菲特创建的"作出承诺"网站公开发表声明：美国40名亿万富翁响应盖茨和巴菲特的号召，将捐出至少一半身家用于慈善事业，数额估计高达1250亿美元，在此之前，他们已经作出表率，将自己绝大部分的财富捐出。一个多月以前，二人又共同呼吁《福布斯》排行榜上的400名美国亿万富翁，捐出至少一半的个人财富用于慈善事业。其中有40名富翁积极响应了这次捐赠号召。

　　提及为什么在慈善事业上慷慨解囊，已经捐出99%个人财富的巴菲特说，剩下的1%已经足够用了。如果多花一点钱，既不会给我

们增添快乐，也不会改善生活，相反，捐出的99%财富可以对其他人的健康和福利产生巨大的影响。与此观点相近，其他捐赠者认为：你不一定非要等死后再把钱捐出去，如果你想把世界变得更美好，那为什么不亲眼看到这一愿望实现呢。你的孩子们从你慈善行为中得到的收益会比你希望的更多。美国亿万富翁的这次捐赠行动，将极大改善他们的公众形象。接下来，他们将劝说其他亿万富翁、百万富翁甚至是普通人参与慈善。而巴菲特和盖茨也将前往亚洲，和中国、印度的富人们见面，希望在更广的范围内推动慈善活动。对于暂时不愿参与慈善活动的富人，巴菲特显得非常宽容：我不会提及他们的姓名，你知道，我们没有放弃他们。每个圣人都有过去，每个罪人都有未来。美国亿万富翁们的这次集体捐赠行动，极大地震撼了世人的神经，冲击着存在于很多人头脑中"金钱至上"的理念。与这些捐赠者相比，只知屯金存银的敛财者应该感到脸红；只知纸醉金迷、享受生活者应该感到羞愧；而高高在上、以权谋私者更应该深感罪孽深重。捐赠行为体现着一个人的道德修养水平、胸怀的宽广和成熟的自信心。正如花旗集团前高级管理人员斯坦福·韦尔和妻子解释为什么响应"作出承诺"活动时所言：我们坚信，寿衣没有装钱的口袋。

（清　山）

人人都有奋勇的本能

事情发生在2009年12月25日。

他是一个商人。这一天，他打算去底特律过圣诞节。于是他登上了美国西北航空公司航班号为253的空客。

飞机已到底特律的上空了，再过20分钟人们就可与自己的亲人相见了，可就在这时，飞机中突然传来一声闷响，就像有人点燃了炮仗一样，紧接着就有人大声喊："失火了！失火了！"当时他想到的是："一定出了重大意外事故！"他定睛一看，果然，就在他的前边不远处，靠近飞机右侧窗户的座位上，坐着一个尼日利亚人，他腿上的毯子正冒着烟。顷刻间，飞机中便浓烟滚滚，那人身上的火也一下子蹿了起来，比他的座位还要高，只见那人神情黯淡，目光呆滞，威猛的火蛇在他身上翻滚着、噬啮着，他却似乎一点儿也不觉得疼痛一样，两眼只是空洞而茫然地盯着前方。他很快明白这是遇到"人弹"了。

这时，整个飞机中已乱成了一团，几乎每个人都在惊恐地尖叫着；说时迟，那时快，他大喊一声："大家请不要慌张。"就宛若跨

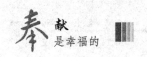

栏运动员一般，跨过一个又一个座位，眨眼间就来到了"人弹"前。

这时"人弹"已成了一个火人，裤子已被烧破，其裆部附近的左腿上有一个被绑着的似乎小型的白色的洗发剂瓶已暴露出来。那是爆炸物，正燃烧着，看来随时都可能爆炸！

他已顾不上任何危险了，一把将那东西扯下，火蛇一下子向他的身子扑了过来。"赶快将火扑灭！"他大声说着。直到这时，有一些乘客才清醒过来。有几位乘客与空姐冲上前去，乘客们用饮用水往两人身上浇，空姐拿了灭火器对着两人喷。不一会儿，他们身上的火就被扑灭了。

整个过程头脑都异常清醒的他为了彻底消除隐患，一把将"人弹"拉开座位，并用手掐住那人的喉咙，在众人的帮助下，将那人拖到前排头等舱的空位上与其他乘客隔离开。然后又与机组人员脱下了他全身的衣服，检查他身上还有没有其他爆炸物及危险品。随之用手铐把那人铐了起来。至此，一场恐怖事件才宣告平息。

他的英勇事迹被传出后，很快就被网友称为"超级圣诞英雄"。人们说他实在是太伟大了！他的伟大和不凡就在于他胆大心细、反应敏锐、判断准确、处事果敢。这位"超级圣诞英雄"就是时年32岁的荷兰阿姆斯特丹市的小伙加斯帕·斯楚林加，"人弹"是尼日利亚人穆达拉德。

加斯帕在制伏穆达拉德的过程中，身上多处被烧伤，医生让他住院治疗一些时日。当第二天有记者问到他面对燃烧着的爆炸物为何就不害怕时，他说："机上的所有乘客以及 11 名机组人员安然无恙，我还能高兴地活着站在你们面前。这就是我当时的期盼。再说，相信我，当你在飞机上听到一声巨响，你也会立即产生警觉。所以我立即跳了出来，这其实是一种本能。"

加斯帕的英雄事迹告诉人们：面对一些危及自己生命财产的突发事件，我们每个人都有一种奋勇的本能。只是有些人没有想到，我们的人生其实就是与其他人在"同机飞行"，"小我"常常包含在"大我"之中。拯救了别人的同时，也就拯救了自己。即使不是这样，众人"大我"的生命比自己单个"小我"的生命要重要得多，以"小我"换取"大我"才彰显了一个人高贵的灵魂。

（段奇清）

幸福"加减法"

　　幸福是什么？有人说幸福就是自己觉得幸福。也许这话有点玄乎，但我们以为它道出了幸福的真谛——幸福就是一种感觉。幸福与物质生活有一定的联系，但更多地体现为一种主观的精神生活。然而人们的感觉又是很微妙的，在现实生活中，人们常常觉得孜孜以求才得到的东西，往往远不如想象的那么美妙；物质生活优裕了，好像反而感到精神空虚，倒不如先前贫穷时活得舒心爽气、有滋有味。这种情形就涉及到一种人生哲理——幸福"加减法"。

　　让我们看看下面一些事例：

　　一个美国青年在非洲沙漠里艰难地跋涉，口渴难熬，他向路过的驼队讨到了一杯净水，这给他带来了无比的满足与幸福。而当他回到美国，到处都有饮用水，一杯净水带给他的幸福却递减为零。

　　一位中国老人，"文革"期间在北京东单菜市场排队买鱼，冻了两三个钟头，终于买回一条胖头鱼。中段清蒸、尾段红烧、鱼头做砂锅，一条鱼让全家高兴了两个礼拜。后来她去了美国，鱼随时可以买到，再不用排队，她却觉得美国鱼没有当年的北京鱼好吃。

朱元璋还是个穷小子时，一天又累又饿，讨得一碗杂七杂八的汤水，上面漂着几片青菜，下面沉着锅巴，还有几块豆腐，他觉得滋味美极了。后来他当了皇帝，山珍海味越吃越没胃口，下旨御厨做当年的所谓"珍珠翡翠白玉汤"，可是御厨做来做去，怎么也做不出朱元璋要的当年的美滋味。

这些现象表明，同样的物质，对处于不同需求状态的人，其幸福的感觉是不一样的。人们从某一物品中所享受到的满足感，会随着这种物品的量的增大而减少。这就是幸福的"减法"。这的确是一个悖论：社会经济发展本来是为了给人类创造更多的幸福，但有时经济越发展，人们从物质当中得到的幸福就越少，从而背离了经济发展的根本目的。

那么，怎样有效地控制幸福的"减法"呢？其一，要永远怀有一种"常将有时思无时，常将甜时思苦时"的心态。清心寡欲，不贪得无厌，不暴殄天物。在走向富裕时，不要忘记沙漠中的口渴，不要忘记无鱼无食、又累又饿的日子，那么就会对今天的幸福感受更深刻。其二，要"恒念物力维艰"，常思幸福来之不易。在现实生活中，得来十分艰难的东西，人们才会倍感珍贵。例如，如果认为自来水真的是"自来"的，取之不尽，用之不竭，那自然谁也不会珍爱它了。而一旦断水，人们马上就会感到它弥足珍贵。断水这件"坏事"教育了人们，从而在恢复供水后对自来水的享用中，增添了珍贵感、幸福感。可见，人们从物质享受中获得幸福，不仅与物品

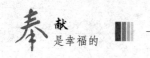

本身有关，而且与人的心态、心境有关。要想在物欲横流中不让幸福"减法"减下去，唯一的途径就是要保持一种健康、文明的心态。值得庆幸的是幸福不仅有"减法"，而且还有"加法"。

让我们再看下面一则小故事：

古代某国王一匹心爱的马丢失了，他悬赏一千两银子寻马。后来有人真的把马找回来了，他履行诺言，奖给那人一千两银子，并且把马也赏赐给了那个人。一位大臣不解地问："陛下，你用一千两银子奖励寻到马的，这是顺理成章的事，可为什么要把马也赏赐给他呢？既然如此，当初为什么要去寻马呢？"国王哈哈大笑说："这你就不懂了，先前我丢失了心爱的马，很是气恼。是他寻回了马，让我既享受到心爱的东西失而复得的快乐，又享受到把心爱的东西赏赐于人的快乐。比起我的快乐，钱和马又算得了什么？"

这个小故事蕴含的哲理颇耐人寻味。它启迪人们：幸福有时也可以递增，坏事可以变成好事；一种幸福可以变为多种幸福。关键看你用什么样的心态来对待事物，从什么角度来认识事物。例如，助人为乐、扶危济困者，可以从被帮助者的幸福中，感受以自身的幸福领悟到自己人生的价值，从而获得满足，这是一种超越物质享受的、崇高的幸福；用顽强拼搏，换来有成者，会感受到奋斗的根虽是苦的，但果是甜的，而奋斗本身也就由苦变甜了；热爱自然、追求艺术者，可以从观照朝雾花露、夕阳芳草这些寻常景物中，感悟到愉悦与幸福，那是一种升华为美的境界、充满诗情画意的幸福，这种幸福与物质享受比起来要丰厚得多。再来点"现身说法",此刻已是深夜,本人坐在冷板凳上舞文弄墨,苦是苦点,但一不留神,文章发表出去了,既能挟回稿酬补贴家用,享受物质生活的幸福,又能享受到作品变为铅字的幸福,岂不快哉?万一"有心栽花花不开",那也不要紧,因为在炮制拙文的过程中,本人已享受到精神创造的无穷真趣矣,故而乐此不疲。

可见,幸福虽然不会从天而降,但只要用我们健康、豁达的心态去感悟,就会发现原来生活中幸福多多,并将永远伴随着你。在工作、学习、家庭生活、社会交往中,只要你能用幸福"加法"的独特视角去观照一切,那么,你就能真切地感受到你是一个十分幸福的人,无论你是富有还是暂时贫穷。

历尽人世沧桑的"大侠"金庸说:"有些事最好淡泊一点,一切看淡一点,幸福就增加一点。幸福的程度不相对于得到的,而是相对于愿望。"诚哉斯言,确实参透了幸福"加减法",此话也许对滚滚红尘中行色匆匆的诸君有所启示吧!

(黄中建)

兄弟的手扶我上路

在我的求学生涯中，父母亲为我的成长着实付出了艰辛的代价——一世父母一世恩，此恩难报。而在我走出巴山的坎坷征途中，我的同胞弟妹更为我的前途作出了巨大的牺牲——一世同胞一世情，此情难忘。

大弟小我3岁。他读小学四五年级时，我早已上了初中，由于一周绝大多数时间都在学校，所以不可能帮上父母什么。弟弟很懂事，特别孝敬父母，他念父母辛苦，经常帮助他们做些农事、杂活，而且每每如个大人的模样。村里的其他同龄孩子，甚至大一些的也自愧不如。

生在并不宽裕的家庭里，孩子更懂得生活的不易，更体谅父母的艰难，更知晓大人的心情。为了身单体薄的哥哥能安心读书，为了我将来能谋一份比较轻松的工作，弟弟甘愿与父母一道，共肩农事，为父母分忧解难。当我上高中之时，也就是他进初中之日。那时，每逢周六回家，活儿他就没丢过手，挑水、劈柴、煮饭、扯猪牛草，没完没了。赶上一两个月，逢上星期天，他还到离家70多里的学校给我送米。有一次他来时的情景，我记忆犹新——

寒冬的一天，风刮得正紧，正当我苦于"弹尽粮绝"之时，弟弟找我来了。当时，他穿着几件单衣服，身上连件棉衣也没有。他肩上扛着50斤米，吃力地向我走来

我接过米，未等我开口，他已问我了："哥哥，你瘦了哇！"

我一怔，很是诧异，他怎么先问这个？于是，我有些语无伦次了："瘦……瘦……这是自然现象嘛！在家里，我还不是一样……"说着，我的头下意识地垂了下去。

"呵！不要节约呀，家里的事，啥也莫管，只读自己的书，钱粮，家里到时会想办法的……"

一时间，我心头沉甸甸的，如坠铅揣铁。而且我发现，他也不如孩童之时那样胖了，那双明亮的眼睛明显地凹陷下去了，两道浓黑的眉毛益发显得浓而黑了……这看上去与他的年龄相去甚远，还有些怕人。

他从上衣口袋掏出父亲筹借的40元钱给我。"多了。"我说。我确实不忍要这么多钱，这可是父亲东挪西借的钱哪！

"多了？不注意身体？爸爸叫你一部分买补品，一部分作生活费。我这里还有省下来的钱，可惜不多，只有3块。"他的语气显得十分恳切。不管我如何推辞，他硬把钱塞到我的衣袋里。

"那你的车费呢？"

"车费？回去打空手，不坐车了。"

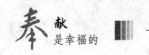

"这行吗?"

"我能行。你要关心你自己,别管我那么多。"

他就那么犟,我显出无可奈何而又惋惜的神情。

他走了,我目送着他远去的背影,不一会儿,他便消失在茫茫人流之中。一汪泪水盈满了眼眶,湿润了面颊,浸透了衣襟。

有道是"男儿有泪不轻弹",谁知道这滴滴伤心泪中掺和着的是什么滋味哟!

不知啥时起,他就对父母讲:爸爸、妈妈,我读书不及哥哥,但我有力气,我们应该送哥哥读书,让我出去挣钱,要不,到时候两兄弟都读不成……父母没有明确的表示,也没有点头允诺,只是内心深处酸酸地痛,尤其是母亲,还不时淌着泪。

事实上,弟弟上初中第一学期,成绩并不坏,还排在班上前10名之列,只是家事拖累了他。

1991年正月初七,弟弟要远去海南打工的主意已定,母亲更是泪流不止,眼皮也分明地红肿起来;而我,面对这一情形,却呆呆愣愣的,不知所措。

可怜世间弟兄情!

终于,弟弟毅然踏上了漫漫征途。那年,他才15岁。

在外以苦力为生的人,能挣多少钱?弟弟初到海南,帮一个农场种菜,月薪150元。我开学不久,他寄回100元,给我交学费。这虽然给父母松一口气,但他毕竟是个才15岁的童工啊!

一年多过后，也就是1992年5月，他回来过一次，一则为看看父母和小弟，二则为了解我的情况。从海南出发到湛江的路上，由于他太过疲劳而睡过去了，带在身上的300块钱全被小偷掏去。没有钱，寸步难行，在湛江，顾不得炎炎烈日，他被迫给人修公路半个月，除去生活费用，还攒下25元钱。就是那25元钱，使他从湛江一直赶到我的学校，最后还剩下5元钱。在那几千里漫长的铁道上，就靠着一双满是硬茧的手在列车的车厢里扫来扫去，扫走几个黎明，又扫走几个黄昏，扫开一条借以归乡的道路……

兄弟叙别，几多感慨，几多辛酸。除了岁月又流逝一度春秋，家境依然如故。3个月后，弟弟再度南下。彼时至今，已是5个年头，兄弟再未谋面。其间，为我读书，他寄过5回钱，共计5300元。5300元，对于有钱人，实在算不上什么，而对于自小生在大山、长在大山的穷人，却是一个惊人的天文数字啊！为了那些钱，为了我，他在外面舍生忘死地出卖自己廉价的劳动力；为了我，他节衣缩食，省吃俭用；为了我，他出关务工，因证件不足被扣留关押数十天；为了我，他默默承受着一度脚被严重砸伤的痛苦和折磨；为了我，小小年纪在外面尝尽了人间的屈辱和悲哀……没有奢望，不计小节，只为家人能尽快走出困境，只为哥哥能及早跳出大山，实现他心中朴素而美丽的梦想！

妹妹小我1岁多，只上过两年学，就回家帮助父母。那年头，偏远贫寒的大巴山，绝大多数女孩子基本上被剥夺了读书的权利。人

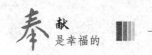

们普遍认为：姑娘家，会煮饭喂猪，读得懂信，会算简单的账就行了，读那么多书干啥？还不是农民一个。实际上，那并不是真正的理由，而只是人们穷出来的借口。

十二三岁上，妹妹开始跟别人学做买卖。果熟时节，她随那些大人去几十里外的果园背橘子、苹果，又到几十里外的集上去出售。经常是来不见天、去不见天，多少攒些油盐钱，补贴家用。生意好时，多攒几块，便为我省下，支持我的学业。我上高中时，依然破衣烂衫，家里没有能力给我们换季，只是偶尔从旧货摊买些便宜的半新不旧的衣服。妹妹念我那么大的人了，穿得实在寒酸，看不过，就把拼命攒下的部分钱给我买衣服和鞋子。妹妹买的那些是我有生以来第一次穿上好的东西。如今，除了那双白球鞋丢了以外，那衣服我至今保存着，舍不得丢弃。

我上高二以后，妹妹尚不到法定婚龄，可为减轻父母负担，她早早结婚了。然而很不幸，不到一年，婚姻破裂。此时，我正值高考。那当儿，弟弟正被岗哨关押，与家中中断了几个月的联系，母亲一直担心他在外面出事，有个三长两短。这个时候，妹妹又只身南下，想为我挣些钱回来，供我读书；另外，从外面熟人那儿打探弟弟的消息。

初出远门，人生地陌，几多辗转，盘缠耗尽，她手指上唯一一枚必要时用以典当的戒指也被两个流氓卡着脖子抢摘下去。为了生存，为了家，万般无奈，见了面善之人，她拜叔叔、求婶婶，讲述

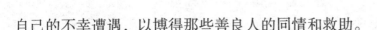

自己的不幸遭遇，以博得那些善良人的同情和救助。

为了家庭为了我，数年来，弟弟妹妹奉献着自己的青春和热血，以他们善良的心地、无私的胸怀和不屈的意志向贫穷挑战，与命运抗争，在哥哥前行的途中挥镐扬鞭、披荆斩棘，以自己的心血和汗水、痛苦与灾难架设我飞跃巴山的长桥。

更令人惊异的是，小我10余岁的小弟在家庭特殊环境的熏陶下，也比同龄的孩子懂事得多。他三四岁时，我周末回家，为补充我的营养，妈妈煎给我的鸡蛋他从不嚷着要，即便我挑到他碗里，他也一定挑回给我。妈妈问他为什么，他回答："哥哥吃了好读书。"他十岁左右时，已经在念小学，但他也要求到二哥那里去挣钱，送我读书。人说"穷人的孩子早当家"，在小弟他那幼小的心灵里，就萌生了朴素的家庭意识和幼稚而真挚的同胞情感，叫我永生难忘。

十多年坎坷巴山路，不仅洒下了父母的心血和汗水，而且也灌注了弟妹的亲情和友爱。多少人，因家庭不睦，兄弟相争，不得不中道辍学；多少人，缺乏家庭的友爱和同胞的支持，不得不为山九仞，功亏一篑；还有多少家庭，缺乏亲情的统率和力量的凝聚，不得不离心离情，各自为政……我是幸运的，在那十分艰难的处境中，我是不幸之中的万幸之人；我家是幸运的，是不幸之家的万幸之家。我们体内，流淌着父母的殷红血液；弟妹心中，充盈着伟大而深厚的同胞之情。

（川　东）

人生在世比什么

　　俗话说，人比人气死人。这并不意味着人与人不能比。与他人比较是人生常有的事。但是，由于个人所处的环境、机遇以及工作性质不同，与人比的方式和内容也应有所不同。否则，不但比不出好结果，甚至还会把人比进人生的死胡同。当前社会上就刮起一股攀比风，比排场、比阔气、比富斗狠，比的花样五花八门。比如你请局长来剪彩，他则要请市长来讲话；你请客摆50桌，他则要摆上100桌；你买的是皇冠，他则要买奔驰；你房屋装修成三星级，他则要装修成五星级。有的人甚至连小孩上的幼儿园、小孩的穿着、小孩的长相等也要比一比。如此比来比去，结果是比出了铺张浪费的社会风气，比出了爱慕虚荣追求享乐的世俗心态，甚至比出了腐化堕落的罪恶悲剧。

　　有这样一则趣闻：有两个生产队长，都是第一次进省城参加会议，其间参观过钢铁厂和公园。回到生产队后，两人谈及参观省城的感触时，一个生产队长对社员们说：工人老大哥真了不起呀！那么热的天，工人们还在炼钢，相比之下，我们真应该加油干哪！另一个生产队长则对社员们说：我们不是人哪！我们面朝黄土背朝天地干活，别人却穿裙子打阳伞手拉着手逛公园。两人参观同一座城市，为什么得出的结论截然相反呢？显然，两个人比较的内容不一样。前者比的是工作环境和工作干劲，更进一步来说比的是吃苦精神。其比较的方式是：工人的工作环境比我们苦，但是工作干劲很大，我们没有理由不加油干。后者比的是生活待遇，更进一步来说比的是享乐。其比较的方式是：城里人是人，乡下人也是人，既然都是人，自己却不能"打阳伞穿裙子手拉手逛公园"，因而发出了悲叹。

　　两种不同的比较，两种不同的结论，折射出两种不同的人生态度和两种不同的价值观念。中纪委通报的山东省日照市委原书记王树文，看到曾与自己同级的干部提升了职务，产生了不平衡心理，"总觉得组织上欠了自己什么似的"，于是逐渐放松了对自己的要求，徇私枉法，为所欲为，最后身败名裂。这是比职务的恶果。山东泰安市委原书记胡建学，本是一个很朴实的领导干部，但是后来在与某些商界人物的接触中，越来越觉得自己的生活与那些人差距太大，因而日益滋生腐化思想，最终受到党纪国法的制裁。这是比享乐的结局。如果两人变换一下比较的对象和方式，与那些不计名利、艰苦奋斗的共产党人比一比，也许产生的是另外的结局。还有名父母是个体户的小学生，头一天向希望工程捐款100元，位居榜首，很是得意，没想到第二天另有一名同学捐款数超过自己，该学生竟然哭

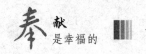

着要求父母再次捐款以显示其家庭之富有。这名小学生的捐款有多少是出于爱心呢？这虽然谈不上是悲剧，但这种比出风头的虚荣之举，对于孩子的成长又有何益呢？

以前有一句话，现在说得少了，那就是"苦不苦，想想长征两万五；累不累，想想革命老前辈"。这也是一种比较，与长征英雄和革命先辈比艰苦奋斗的精神，有这样的比较，你就不会再为你的苦与累而叫屈，不会再为你的处境而悲叹，反而会激起你奋发上进的精神和力量。这一比，比出的是动力。有些业绩非凡的伟人，把自己与人民群众比，群众被比作大海，自己被比作大海中的水滴。这一比，比出的是伟人谦虚的品格。

人生并不回避比较，但关键在于怎样比，比什么。比得恰当，能促进人生的发展；比得不当，则会阻碍人生的发展。比吃喝，人生将是吃喝的人生；比职务，职务将替代人生；比待遇，人生将是永难满足的人生；比享乐，人生将是行尸走肉的人生。善于比较，从比较中发现自身的不足，才算明智的比较。周瑜与孔明比智谋，因比不过孔明而长叹"既生瑜，何生亮"，最终被孔明三气而亡。廉颇也曾与蔺相如比功劳比职务，结果比出了自己狭窄的气量和蔺相如宽阔的胸襟。与周瑜不同的是，廉颇没有抱怨，反为自己的狭隘而负荆请罪。

与什么人比，怎样与人比，体现了一个人的人生态度和价值观念。人的一生，功名利禄如过眼云烟，而个人的品格、精神和业绩却能长留人间。因此，人比人，不能比得低级、比得狭隘、比得猥琐，而要比出品位、比出风格、比出气量、比出胸襟。人生可比的方面很多，可比的人也很多，要比，就要比精神，比品格，比贡献，比一切有益于人的成长和社会进步的方面，从而做一个高尚的人，一个纯粹的人，一个脱离低级趣味的人，一个有益于人民的人。

（张贵平）

姊妹情深

　　于桂珍，化工部洛阳黎明化工研究院一名普通女工。现在应是享受中年妇女那份特有的生活收获和家庭欢乐的时候，可她从1982年至今含辛茹苦、默默无闻地悉心照料着一个患有精神病的妹妹。她的生活是艰辛的，她的事迹是平凡的，可她所做的一切是伟大的，她忍受了一般女人所不能忍受的苦楚。从她的身上，我们看到了中华民族女性那种特有的纯朴，善良和贤慧。

　　那是70年代末，由于家境不佳，她的小妹于桂芹不能像哥、弟那样上学，只好读完小学就在家伺候多病的母亲，干些琐碎的家务。随着时间推移，性格内向的小妹，突然有一天精神恍惚，一会笑一会哭，一会跑一会睡，送进医院诊断为精神分裂症。一朵含苞欲放的花蕾还没来得及绽开，却要凋谢了。全家人开始借钱为她治病。正当病情刚有点好转，父母又得了重病，相继离开了人世。妹妹受不了这突如其来的打击，病情加重。怎么办？看着神志不清，满街乱跑的妹妹；看着成了家的哥哥身边依偎着的4个孩子；看着正在上中学的弟弟，她，于桂珍，毅然决定让妹妹跟着自己。

1982年的冬天，在一个满天飞雪的日子里，她领着神志不清的妹妹告别了青海，踏上了东去的列车，来到了牡丹城——洛阳，开始了只有姊妹俩的家庭生活。15年了，为了妹妹她吃了许多许多的苦，受了许多许多的累。她是话务员，工作性质特殊，经常要倒班，可她从不给妹妹吃剩饭、凉饭，总是千方百计地给妹妹做一碗热腾腾的面，而自己经常不是泡包方便面，就是啃口凉馍馍。每当下班回家，迎接她的不是微笑，而是一位眼光发呆、歇斯底里地怪叫的妹妹。一进门，她就先到妹妹屋里，给她梳梳头，不管妹妹能不能听懂，她都习惯地说说外面的事。然后，打水、洗菜、做饭，给妹妹喂饭、洗衣服。妹妹的病变化无常，有时正吃着饭就犯病了，不是把桌子掀了，就是把热腾腾的饭泼向姐姐。姐姐无怨，捡起破碗，扫净地面，又给妹妹重做，一勺一勺喂给她，直到她闭嘴不吃为止。

　　洛阳的夏天酷热难耐，于桂珍一个人不能带妹妹去澡堂洗澡，只好每天多打两趟热水，为她擦身。平时她要给妹妹理发、剪指甲，每月妹妹来例假，她就像·位母亲照料襁褓中的孩子一样，一会给妹妹换纸，一会为妹妹擦身。冬天，天气变冷，妹妹不愿上厕所，动不动就尿床和尿裤子，姐姐下班一回家顾不上休息片刻，赶紧给妹妹换衣服，洗下身。遇上阴天，一天要换两三次。15年了，一个单身女子就这样默默地精心地照顾着妹妹。

　　7月13日，是妹妹的生日：到这天，姐姐总是从拮据的生活费中，多拿出点钱，特意从街上买回一只鸡，一条鱼，订一个写着妹妹名字的蛋糕。灯光下，姐姐一边喂妹妹吃，一边给她讲那已过去的妹妹又永远听不懂的故事。15年来，她为了给妹妹治病，省吃俭用，上街都是自己带水，不买一块雪糕，衣服大多也是自己买布做的。屋里陈设极其简单，除了哥、弟给她们买的一台彩电和一张新做的床外，没有一样时髦的家具，衣服都放在纸箱里。一到休息日，她就四处打听，收集民间秘方、偏方，为妹妹的病奔波。

善良的人看到她整天又是照顾妹妹，又是上班，又是忙家务，像一台失了灵的机器，没歇息过，就私下为她牵红线，可这没有动摇她对妹妹的一片真心和要照料她的坚定决心。她婉言谢绝了多次提亲，她对关心她的人说："我一个人带着桂芹就够累了，不能再让别人跟着受苦。"多么感人肺腑的话！斗转星移，阴晴雨雪，15年来，她是这样说的，也是这样做的，有人曾劝她，把妹妹送到哥哥那儿，趁年轻成个家，可她却摇摇头，一个男同志身边有4个孩子，怎么能照顾有病的妹妹呢？

她所做的一切又得到了什么？为了妹妹，她牺牲了自己的幸福；因为妹妹，她患上了风湿病。可这一切，妹妹对姐姐又能怎样回报呢？假如妹妹是一个头脑清醒而身体有病的人，她会珍惜和感激的，可如今姐姐得到的只是她的拳头和歇斯底里的喊叫。

人不能没有爱，一个精神病患者，她更需要爱，可为了妹妹耐心抚慰、无怨无悔、痴心不改的于桂珍付出了怎样的代价？

（小　阳）

献出爱心与真情

　　一天，甘地乘火车时，把一只鞋子掉到铁轨上，可这时火车已经开动，他无法拣回那只鞋子。于是，他索性又脱去另一只鞋子，把它扔到第一只鞋的旁边。一位乘客好奇地问他为什么这样做时，他微笑地说："这样一来，看到铁轨上鞋子的穷人，就能有一双鞋子啦！"这一小小的善举，是一个拥有博大胸怀的伟人所为，而这一切，不也是你我凡人都可以做到的吗？

　　是的，这个世界似乎与你我这样一个凡夫俗子没多大关系，或者说，小人物一个，也不可能给偌大一个世界添什么光彩。然而，随着时光岁月的流逝，所以绿了芭蕉红了樱桃，就是因为有爱，爱之所以无处不在，就在于每个人都可以献出一份爱，每个人都对这个世界的现在和未来负有责任。人人都需要爱，人人又都可以奉献爱。这正是人平凡而又神圣之所在。

　　世界可以很精彩，也会很无奈，可以美丽温馨，也会充满丑恶，关键在于我们每个人对它付出了什么。付出的是一份爱，便会多一片绿洲；付出的是冷酷，便会有荒漠蔓延。犹如一支画笔在手；描

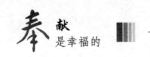

画成什么样子全由我们自己做主。世界是可以改变的，变成什么样子，取决于我们每个人。因为谁都可以给这个世界带来一份惊喜，一份温暖，一份关怀的力量。人与人之间有了爱的联系与结合，才能创造出美丽、和谐与幸福的世界。

"世事茫茫难自料"，我们都有需要帮助的时候。遭遇不幸时，我们渴望温情的抚慰；为恶语所中伤时，我们呼唤善良的回归；被误解时，我们希望理解；遭歧视时，我们企求平等。总之我们希望这个世界好些，再好些。我们愿和谐的风将烦恼的云吹散，让天空永远一片蔚蓝，迎面而来的是一张张真诚的笑脸，每一个日子都不再平淡，人人都是童话里的好人，好人一生平安。这是人类的一个愿望，一个梦想。而使梦想成真的办法只有一个，付出我们的一片爱心。一颗爱心是一枚绿叶，心心相连，世界不再有冬天。我们尽心地去爱每一个人，将自己变成一面绿色的旗，飘扬在每一个季节，给路过的人们带去一份春的亮丽。不要小看一枚普通的叶子，一个蓬蓬勃勃的春天正是从枝头一点点涌现出来的。每一枚叶子都是一道风景，世界因为有了这一道道风景而变得生机盎然。

爱人方得人爱。爱人，是对人爱的补充、延伸和提升。不去爱人，人爱便是不完整的，有缺陷的。官威赫赫的人，富甲一方的人，名气很大的人，容易因自以为不可一世而失去爱心。他们听惯了奉承话，看惯了笑脸，以为只需众人爱他，而他无须回报。这种人最可怜，他必定为众人所弃，成为孤家寡人。大智大慧的人，不仅具有爱家爱国之心，而且能够超越对具体事物的热爱而上升到人类命运的终极关怀，能够将爱心融进绵绵不断的生命长河，因而使有限的生命获得了一种永恒的光辉。这是真正的生命之爱。其实，在人类大家庭里每一个人都是其中一分子，爱与被爱、自爱与他爱是相互的，没有高低贵贱之分。爱心是自己生命充实而有光彩的需要。在爱人与人爱的过程中，无时无刻不体验到一种难以言喻的热流涌遍全身，体验到自己与自然与人类的互关和互爱。无论是显贵一时还是默默无闻，无论是穷人还是富人，对爱心来说，那又有什么关系呢？我们相互伸出一双友爱的手，付出一点爱，给别人一点关怀，一颗宽广的爱心照亮了别人，也照亮了自己；爱人会使自己的身心得到健康、丰富、完善，会使自己的人生过得更加绚丽辉煌，会使自己善良、明智、聪慧。富有爱心，是人生的大幸福。

《红楼梦》里的林黛玉说，萤是草化的。但不管怎样，做只流萤的时候，把光亮和诗韵带给黑夜；做棵青草的时候，把绿色和生机献给世界。而萤没有虎的勇猛，草也没有树的威严，但它们一样拥有生命的活力和意义，一样拥有生命的崇高和骄傲。做个英雄和伟人，可以给社会带来更多的荣耀和幸福；但还没有成为英雄或伟人之前，不妨认真地做一个人，一个拥有爱心、忠心、孝心和信心的人。

因为善良而心安，因为有爱而无愧。英雄的梦，也许遥远，但善举对每个人而言，又是如此切近而现实。也许做不了圣雄甘地，

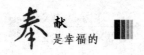

但舍弃自己一双鞋子而成人之美，你我都可以做到，伟大又往往从这儿开始。做不了星星，那么先做盏明灯；做不了伟人，那么先做个有爱心的人。

爱心永存，真情万岁！

（牟瑞彬）

残疾女和她支撑的两个苦难家庭

　　1985年，胶东半岛莱阳市城东砚河大桥西侧，在川流如梭的人流旁边，人们惊异地发现了一位双腿跪坐在地上为行人修理自行车的女人。在以后的日子里，人们又吃惊地发现，这位跪地修车的女人所居住的桥西公厕旁那不足6平方米的半间小屋里，又相继增加了两位年逾古稀的老太太和两个好似从天而降的瘦小婴儿，老少三代五口人共同生活在这整天散发着厕所臊臭味的窝巢里。

　　她叫张翠娥，是一个右大腿胯骨严重脱臼、右腿比左腿短半尺的残疾女人。在此之前，这位残疾女人曾历尽磨难苦苦地支撑过一个贫病交加的家庭，使那个家庭最终走出了困境。而此时，她修车摊后的那间小屋，则是她病残之躯所支撑的又一个由老弱病残、孤儿寡母所组成的人世间罕见的苦难家庭。

上篇：她支撑的第一个苦难家庭

　　38年前，当时的莱阳县城厢公社东柳行村，年仅十几岁的小姑娘张翠娥，因为父母有病家庭贫寒，姊妹三个她又排行老大，所以

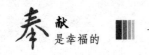

便早早地告别了自己美好的童年，很小年纪就为家事操劳了。14岁那年秋天，一天下午放学后，小翠娥又忙起一天一次的为猪圈填土的营生。她用那幼嫩的肩膀挑着两筐与自己身体极不相称的重重的泥土，吃力地蹒跚在村外一个名叫三角湾的崖边上。由于她身体瘦弱，走了几步就体力不支，脚底下石头一绊，连人带筐一下子跌进了足有两米深的湾底，当场摔昏了。当家人将小翠娥拖上崖抬回家时，在煤油灯底下一照，全都吓呆了：只见她右腿血肉模糊，右胯骨错位突出了一大截。千呼万唤中小翠娥醒来了，她看到了自己流血露骨的右大腿，"哇"的一声尖叫，又昏厥了过去。从这以后，一个懂事可爱、天真活泼、热爱劳动的小姑娘，便变成了一个走路严重瘸拐的残疾儿童。

那个年代，许多家庭都生活艰难。而当时，惨遭厄运的小翠娥又是处在一个贫病交加的家庭。她上有患严重哮喘病、一到冬天就几乎下不了炕的父亲和常年犯胃病、整天佝偻着腰直不起身的母亲，下面则是两个年仅8岁和4岁的弟弟，几乎是衣不遮体、食不果腹的一家人。当时，过早懂事的小翠娥眼瞅着三间低矮破旧的房子和幼弱病残的家人，常常一个人倚在墙角偷偷地抹泪。她怨恨自己年龄太小了，更怨恨自己的腿残废了，不能过多地为家庭出力，为父亲分忧。摔坏腿的那年，她便辍学了。尽管当时她是班里的优等生，老师同学们十分喜爱的好学生，但是，这个苦命的女孩子却不得不与美好的校园告别，顶替起成年疾病缠身的父母。洗衣、做饭、干家务，同时照看两个年幼的弟弟，小小年纪就成了一个家里家外整天忙忙碌碌的家庭小主妇。穷人的孩子早当家，随着年龄的增长，更加明事理的小翠娥，面对两病一残两幼如此凄惨可怜的五口之家苦难的日子，感觉单靠帮父母出力干家务还远远不够，还需要出力挣钱养家糊口。张翠娥为这事犯了好几天的愁。有一天，她终于打定了主意，吃过早饭，她便一瘸一拐地来到大队部，找到了村支书，说要到村里办的草编队里挣工分。当时的草编队很难进，但看样子很是为难的村支书考虑到了她的残疾和那个不幸的家庭，便同意了。刚刚16岁的小翠娥进了草编队，感觉自己以后可以为家挣钱了，喜悦得就像一只出了笼的小鸟。她勤奋好学、心灵手巧，没多长时间，就由生变熟，由慢变快，很快便出类拔萃，成了草编最快、也从不出次品的高手，每天挣得了最高工分——7分。当时，对于一个常年没有整劳力的贫困家庭，一个残疾小姑娘却能够为家里挣全劳力的工分，也着实让患病的父母欣慰了许多。

尽管如此，她家庭的生活负担还是日渐加重。父母长年治病，长期服药，两个弟弟先后上了学，每天的柴米油盐吃穿用更愁死个人。而张翠娥一年挣的工分，加上村里的救济，仅仅只能保住全家的口粮。所以，性格刚强、敢于坦然面对苦难的张翠娥，这时候又不单单满足于生产队上一天挣的那七八分了，一个瘦弱伤残的身躯又在思谋其他了。在那个"割资本主义尾巴"的年代里，几乎没有人敢发展庭院经济，而她却冒险在自家的庭院里和母亲一起，养起了鸡和猪，后来又养上了长毛兔。当时缺少粮食，跛脚的她每天都拄着一根棍子趁着中午和傍晚的时间翻山越岭、跨沟越坎，艰难吃力地挖菜割草，几次累晕在山野里。晚上的时间，她也从未放弃过，白天在队里编了一天的提包，累得腰酸背疼，并且伤残处常常红肿发炎。到了晚上她便利用平日收拾的一些破苞米叶，在家中编起了自己的提包。每天晚上都是家人睡在炕的东边，而她却坐在炕的西边，借着跳跃的灯光，强打着精神，挑灯夜战，经常要熬到下半夜两三点钟，为的是五天一个集，编出四五个提包，提到集市上能够换回四五元钱。

1964年，那个青黄不接的季节，这个家尽管靠着当时已经20岁的张翠娥苦苦地支撑，但日子还是过不下去了，家中仅存的一点钱也给哮喘咳嗽得经常吐血的父亲抓了药，粮食也断顿了。当时，年幼的二弟饿得嗷嗷直哭，张翠娥将家中的布袋子倒了个遍，也没有倒出一粒粮食。感觉愧对家人的她心急如焚，心如刀割，先是提着菜篓出了门，过了老半天，顶着满脸汗珠，背着一篓子野菜进了家，她让母亲坚持着做上野菜给家人充饥，而自己却又拿着一条空袋子出了门。她忍着饥饿东倒西歪地行走在乡间的山路上，到8里之外的舅舅家借点粮。但是，到了舅舅家，他家也几乎米尽粮绝了，没办法，她只好愁眉苦脸地扫兴而归。疲惫不堪的张翠娥路过一个村庄时，她看到了一户人家的屋檐下吊着一长串儿红薯干，就想到了忍饥挨饿的家人，尤其是那不算懂事、现在肯定在家饿得直哭的小弟，于是她站住了，脱下自己的外衣想去跟人家换那串红薯干，但衣服太破旧了，没脸跟人家换。怎么办？这时，她灵机一动，一下子想到了自己那又粗又长、辫梢一直甩到大腿根的大辫子，这是她身上唯一引人注目，也是最令自己感到荣耀和美丽，对于一个大姑娘来说最为宝贵的东西。她要忍痛割爱，用自己的大辫子去换那串红薯干。门敲开了，说明了来意，要借把剪刀剪辫子。好心人家的大娘一听，心酸地一把拉住了张翠娥的手："闺女，可不能剪！"在人家粮食也不够的情况下，大娘将那串红薯干白送给了张翠娥。当时，感激得张翠娥跪在地上给那位大娘连着磕了三个响头。回到家，累得几乎散了架、伤残处肿胀得如同一个大馒头的张翠娥，尽管告诉家人粮没借到，但是两个弟弟看到她手中提的那串红薯干，却还是高兴得乱蹦，急不可待地吃起来。就是这串红薯干拌着野菜充饥，维持了全家四五天的生活，才接济到了公社下发救济粮的时刻。

许多年来，张翠娥在自己的弟弟和父母面前，完全成了一棵给他们遮风挡雨的大树，给苦难中的家庭带来了无限生机，她用自己的病残之躯硬是支撑起了一个贫困潦倒的家。

1966年，才刚刚50岁的父亲终于经受不住病痛的折磨，撒手西去。父亲死后，悲痛欲绝的张翠娥躺在炕上不吃不喝昏睡了三天三夜，被痛苦啃噬的她几乎垮掉了。父亲在世的时候，尽管是病魔缠身，拖累家庭，但父亲却是家中的一大精神支柱，她总觉得有父亲在，哪怕是他躺在炕上不能动弹，她也心里踏实，总感觉即使天塌

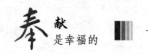

下来，也有人顶着。平日里，家里家外许多事情上，每当张翠娥不知所措难以把握的时候，便会得到父亲那双手的指点使她重新明确目标，振作起精神。而现在，她的精神依托没有了，父亲撇下了病中的母亲、伤残的自己和年幼的弟弟，无情地走了，这个几乎破碎了的家还将如何支撑？给父亲办完丧事后，当时已经22岁的张翠娥，感觉到从未有过的悲观和绝望，长期的过度疲劳，加上过分的痛苦和悲伤，使她那残疾瘦弱的身躯再也挺不住了……

三天后醒来时，她看到佝偻的母亲和两个弟弟都在号啕大哭，其中大弟正扯着她的手摇晃："姐，你可不能再倒下，现在这个家全靠你了！"这时候，身体虚得几乎说不出话的弱女子，朦朦胧胧地忆起了父亲弥留之际把她叫到跟前，颤抖地握着她的双手嘱托她的话："娥儿，苦了你了，这个家就靠你了，你一定要照顾你妈，帮你妈把两个弟弟拉扯成人……"父亲的临终遗言，在她的耳边回荡，化作两行浊泪，顺着小翠娥黄瘦的脸庞滚滚而下……悲痛过后，经历过许多磨难似乎已经习惯磨难摧残的张翠娥，彻底挑起了家庭生活的重担，挑起了这个本该属于父亲但却无情地压在她的病残之躯上的重担。为了维持一个母亲多病、两个弟弟正上学的家庭的正常生活，一个刚刚20出头的残疾女子几乎豁出了命。1978年夏天，只能靠多养家禽多挣钱的张翠娥又一瘸一拐、大汗淋漓地背着一捆青草沿着乡间的小路往家走，不小心一下子摔倒了，从坡上一直滚到坡下，大腿又摔成了重伤。由于舍不得花钱治疗，几天后伤口感染化脓，差点又造成左腿截肢。

父亲去世后的第二年，历经磨难、心灵手巧的张翠娥已经23岁了，完全出落成散发着青春气息的大姑娘了。尽管她是个残疾姑娘，但却美名远扬，有不少的人上门说媒提亲。有道是男大当婚女大当嫁，张翠娥经受了这多年的苦难何尝不想嫁出去，过上点幸福的日子。但她不能，因为自己两个弟弟还未成家立业，病中的母亲又特别需要人照顾，她也始终忘不了父亲临终前的嘱托。当时，为了自己的终身大事，她反反复复地考虑了好几夜，偷偷地在被窝里哭了好几场，既埋怨老天爷对自己不公，也抱怨自己命苦，但最后还是战胜了自己：为了保住这个家，自己先不嫁人了，等弟弟成家立业后再说吧。

农历1979年腊月初六，是她二弟结婚办喜事的日子。新娘进门、鞭炮齐鸣的时刻，也是她多年来肩负家庭重担的最后时刻，她终于艰难地走过来了。

苍天有眼，历尽了磨难，付出了青春，将自己一切都奉献给了这个苦难家庭的张翠娥，终于可以告慰九泉之下的父亲了：她为初中毕业后的两个弟弟盖起了八间新瓦房也帮着娶上了媳妇。另外，经过多年治疗，老母亲的老胃病大有好转，腰也直起了许多。1980年清明时节，她来到了父亲的坟前长跪不起。一贯有泪不轻弹跟男人一样坚强的张翠娥，此时却号啕不止。她这是向地下的父亲诉说20多年来的痛苦和辛酸，也是一种如释重负的精神释放和身体放松。

她无愧苍天！

下篇：她支撑的第二个苦难家庭

二弟成家立业后，张翠娥已是34岁的老姑娘了。无情的岁月和家庭的磨难使她失去了一生中最美好的青春时光。按说，从来都没有尝到过爱情甜蜜的张翠娥，这时候，应该努力去追求已经迟到的爱情。但是，有一天，她去外村探望无儿无女、守寡多年的老姨，得知她的双目几乎失明时，悲伤之感猛然袭上心头：老姨太可怜了！一种想孝敬可怜的老姨的责任感油然而生。就是从这天起，这个残疾女人十几年来才刚刚萌生的渴望爱情的希望之火又自我熄灭了。心地善良、菩萨心肠的张翠娥又放弃了自己的幸福，她要尽一个做外甥女的一片孝心，让老姨度过一个有依有靠的幸福晚年。当她将这一想法告诉给双目失明、孤独无援的老姨时，老姨的眼泪从她那深陷的眼窝里情不自禁地流了出来，她一只手紧握张翠娥的手，另一只手颤抖着抚摸着张翠娥的脸，嘴里说着："我的好闺女，你可不能再苦了自己……"

1983年，张翠娥买来了一辆脚踏三轮车，在她右腿用不上力的情况下，竟学会了用左腿单腿骑车。终于有一天，她骑着三轮车来到了城里，打算做贩菜的生意。她先来到蔬菜批发市场，批发了多种蔬菜，然后再骑车到各处贩卖，卖到中午啃上几口自己带的干粮，下午接着再卖。就这样，她起早贪黑、辛辛苦苦地贩卖蔬菜，一天只能挣上四五元钱，有时菜卖剩了，晚上蔫了，还要赔本。尽管这样，张翠娥却把自己出力流汗挣来的辛苦钱全都花在了老姨和母亲身上，自己仍过着十分清苦的生活。

张翠娥1984年贩了整一年的菜，到处奔波，出力不少，而实际收入却微不足道。1985年她在好心人的帮助和指导下，又改行做起了修理自行车的行当。尽管修车跟贩菜比起来，挣钱多也不必东奔西跑了，但是由于她右腿比左腿短半尺，所以她不能跟其他人一样蹲着修车，只能跪坐在地上，修车的难度可想而知。尤其是她刚出来修车的时候，确实难为情，记得有人第一次喊她"师傅"，让她修车时，她紧张得时常拿错工具，心慌得不得了，羞得脸火辣辣的："不是都喊男人叫师傅吗？怎么叫起我师傅来了？"她当时跪在地上确实有一种无地自容的感觉。但是，张翠娥是一名敢于面对现实的女性，什么样的困难和挫折她都要努力去克服。后来，你一声师傅、我一声师傅地叫常了，她的脸也不红了，心也不跳了，双手麻利地修着自行车，十分自信地做起了一名修车师傅。

尽管张翠娥一直利用晚上时间去十几里外的老姨家帮她蒸馒头、洗衣服、准备柴草、清扫卫生，但是，她总感觉这样下去不是长久之计。70多岁的老人，又双目失明，万一有点闪失，那可不得了。再说自己的腿骑车和行走也不太方便。经过深思熟虑之后，张翠娥决定将当时已经74岁的老姨接过来一起住。这样她既不耽误修车，又能照料好老姨。后来，和儿媳合不来的老母亲也来了，这样，一

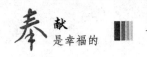

个靠修车为生的残疾女人在她所居住的厕所小屋便同时养活了两位
年逾古稀的老人。

岁月就如同她修车时紧靠着的大桥下面的河水，在一天天静静
流淌。

她和两个老人的生活，也像这涓涓的河流，不急不躁，安静平
常。日子艰苦了些，但是她们心满意足。

可是，终于有一天，这种平静的日子又被打破了。1989年冬日
的一天清晨，早早侍候两个老人吃完饭的张翠娥，又搬着工具一瘸
一拐地上了桥头。这时候，她看到桥头旁聚集了一堆人，便好奇地
挤进去一看，只见一个破包裹里包着一个奄奄一息、脸色黑紫、样
子十分难看的婴儿。她用手指轻轻地动了一下婴儿的眼皮，婴儿微
眯的小眼几乎连眨也未眨动。"这是作孽啊！别说是条小命儿，就是
条小狗，也不能扔啊！"张翠娥自言自语地说着，并抬头望了望众
人，见没有人反应，就急忙将这可怜的小生命抱到怀里，挤出了人
群，车也不修了，一瘸一拐地抱着回了小屋。

抱回屋里仔细一看，是个女婴：小脑袋几乎跟鹅蛋一样大，小
手就像个小鸡爪，估摸着体重最多能有三四斤。好心的母亲和老姨
心疼得直掉泪。伤心过后，张翠娥和两位老人便忙活开了：老母亲
忙着把女婴放进被窝里暖身子，眼睛不好使的老姨忙着用手轻轻揉
搓婴儿那冻得青紫的小手和小脚，而张翠娥则一瘸一拐地忙着去买
婴儿食品。

当时路南干休所的几位老太太过来看望，一阵长嘘短叹后，都说养不活，叫她送出去算了。可是，这个女婴真的福大又命大，遇上了大慈大悲的张翠娥。一个星期过后，经过张翠娥和老人们的精心呵护和治疗，婴儿的眼睛终于睁开了，哭声也响了起来。当时，张翠娥高兴得不得了，抱着孩子直流泪。从此，一个从死神手中夺回的小生命便有了自己的母亲。一个从来没有结过婚生过孩子的老姑娘，开始体味起做母亲的滋味。

　　在母亲的指点下，她回村张罗弄来了别人家孩子穿剩下的小棉袄，小衣被，东凑西拣了一大堆旧衣布，浆洗之后做尿布。除了每天给孩子喂奶粉和饼干外，为了省钱和给婴儿增加营养，她还买来了小米，碾成面儿，加糖熬成粥喂孩子。除此之外，有时张翠娥可怜这没娘的孩子，还常带孩子回村去求哺乳期的妇女，给她吃上几口真正的母奶。另外，由于孩子的身体受过冻，懂得点医学的母亲还叫张翠娥买回了几味中药，然后熬一下，用来给孩子擦洗身子，每天晚上一次，从没有间断过。

　　尽管取名叫艳艳的女婴在张翠娥和老人们精心养护下，身体状况大有好转，保住了性命。但是，艳艳残忍的父母却给她留下了病根，使她患上了惊悸抽风症，一感冒发烧就复发，犯病时手脚不能动弹，浑身颤抖，样子很吓人。所以，平日里每当孩子发烧，张翠娥就急急忙忙抱着孩子往医院跑，生怕孩子有危险。记得一个初冬的早晨，小艳艳又犯病抽起了风，张翠娥顾不了许多，爬起来抱着

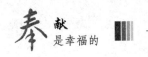

孩子就往医院跑。本来行路就十分困难的张翠娥，由于天还未亮，看不清路，一不小心，重重地摔倒了。一种护犊之情，本能地使她高举双臂，而自己的双膝却重重地跪在地上，坚硬的地面和突出的砂石，将她的双膝撞得血肉模糊。

靠修车为生养活着两老一小，这副生活的重担压在一个残疾女身上已经够沉重的了。可是，1991年春天，又有一副担子压到她的身上。这天下午，天空正下着小雨，不能出去修车的张翠娥难得能坐在门口清闲一番。大约3点钟左右，一个中年男人抱着一个婴儿来到张翠娥跟前，说叫帮抱一下孩子，他要上厕所。可是这个男人一上厕所就再也没有回来。从此，张翠娥的手上便又多了一个弃婴。

从那以后，一个残疾女人，靠每个月修车挣的几百元钱，同时养活两老两小。要吃饭穿衣，要吃药治病，这究竟是多大的生活压力！在有限的经济来源中，为了保证两个老人和两个孩子的生活，张翠娥自身几乎苦到了不能再苦的程度。她一方面拼着命多修车，多挣点钱；一方面又尽量勒紧自己的腰带，从吃上节省。她一早一晚挤着时间到地里沟里挖野菜；到当地农学院的实验田拣大白菜帮、萝卜叶，拾到家里洗一洗，做渣菜；要么就是拣些食品加工厂剩下的芋头下脚料煮一煮，作为自己的生活主食。平日里，老人孩子吃细粮，她就吃粗粮；老人孩子吃面条，她则喝面条汤泡渣菜。她一年到头过的几乎是一个苦行僧的生活，为的是尽量改善老人和孩子的生活。

尾　声

苦难人生，无情岁月，弹指一挥间。38年过去了，一个过去扎着小羊角辫、肩背着菜篮子、一瘸一拐走在乡间小路上的小姑娘，现在转眼间变成了一个浑身写满岁月痕迹、饱经沧桑的知天命之人。就连她收养的两个女婴，也都七八岁，到了上学的年龄了。

当人们问起一生未嫁，为了两个苦难的家庭，历尽磨难，苦度了大半生的张翠娥是否后悔过时，她说，以前总担心无人养老送终的老姨，两年前去世时嘴里不断地说着："我真有福，我真有福……"是含着微笑离开这个世界的。她还说，上学前班的两个孩子很是聪明伶俐，前几天拿着考卷回家，都争着给自己看考卷上那大大的"100"分。更令她高兴的是过去病得经常连饭都做不了的老母亲，现如今，身子骨却出奇的硬朗，都80岁的人了，还能经常骑三轮车上街。看到眼前的这些，她不但不后悔，而且还感觉很幸福，很自豪。

已经52岁的张翠娥，一天到晚都是那样地忙忙碌碌。看她那修车时脸上挂着微笑和她一瘸一拐东跑西颠的样子，让人油然而生一种说不出的感动和敬佩。当她的浓浓亲情和奉献精神强烈地感染着人们的心灵，震撼着社会时，面对伸来的一双双温暖之手，她没有更多的奢求，她说，这个家还是靠自己来支撑。

为了亲人，她奉献了她的大半生；为了两个弃婴，她还要奉献

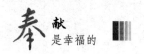

她的晚年。面对苍老的张翠娥，人们从她瘦弱的身躯里读到的是一种真正的无私，舍弃了自己的青春，舍弃了自己的幸福而一心只为他人奉献的无私。尽管她失去了那么多，但她的生命在奉献中闪烁出耀眼的光辉，受到人们的称赞。

　　现如今，为了改善市容市貌，桥头已经不能再开修车铺了，张翠娥又开始骑上三轮车拣起了破烂。但毕竟捡破烂不是长久之计。她说以后的负担还重着呢，将来还要供两个孩子上大学呢。

（宫焕勤　李慎敏）

工作着是美丽的

时传祥式的巾帼群英徐州下水道四班，26年来披肝沥胆，管好城市的"出口"，让污浊排泄一空，把洁净留给了都市；吴天祥努力做好信访工作，在党和政府与人民群众中间架起了一座"连心桥"；全国优秀售票员李素丽和她的公交车，成了京城一扇亮丽的"窗口"，一道奇丽的风景线。

世界因工作而变得美丽。

徐虎根据工作需要，自制了许多"大显身手"的小工具；邱娥国向自己"约法三章"，创立"警民联系日"、"警民联系卡"和"警民联系牌"三项便民措施；李素丽对汽车沿线的情况了如指掌，能够明明白白地把乘客"送到"要去的地方，成为乘客赞誉的"活地图"。他们以自己的满腔热忱、过硬本领为群众服务。李素丽说，用力去做只能做到称职，用心去做，才能达到优秀。

工作既是一种创造，更是一种奉献。

徐虎十几年如一日，每晚为居民抢修水电，被誉为"19点钟"的太阳；今年大年初一，李素丽登上首班牛年车，把自己在除夕夜里制作的心状吉祥物送给了车里的每位乘客，向他们致以新春的祝福；吴天祥义务献血9次，连他妻子都不知道。他说："人生在世，奉献二字"，"做人要像个人样，做党员要像个党员的样，做干部要像个干部样，不让群众戳脊梁。"

工作是一种净化剂，能使人的精神境界变得崇高，心灵变得美好。

工作客观上造福于人类，也造福于自身。一位老大妈得知李素丽爱吃窝头，便做了几个糜子面窝头送到车队；一位老太婆临终时还喃喃地念叨着比亲儿子还亲的吴天祥；徐虎身后行进着"徐虎军团"；乡镇党委书记的榜样吴金印，群众几次为他立碑，他都撤了，群众就把碑文刻在太行山的峭壁上，也就矗立在人们的心中。

心灵的感激远远大于金钱和物质的回报，而人格的力量更无可估量。

科学巨人爱因斯坦说："要是我们没有什么研究工作可做，我就不想活下去了。"鲁迅先生语重心长："我是把别人喝咖啡的工夫都用在工作上。"蝇营狗苟、徇私舞弊之辈，虽然忙忙碌碌，急不可待，但那是鸡刨食、猪拱槽，禽兽所为，不可同日而语，不齿于人类。

先哲黑格尔有云："一个真正的美好的心灵总是有所作为，而且是一个实实在在的人。"

工作着是美丽的，让我们美丽地工作着！

（崔鹤同　徐德明）

你是妈的天

他是两岁的时候被人贩子拐卖到现在这个家的，后来在他18岁那年人贩子被抓，他被养父母刻意隐瞒了16年的身世真相大白。

16年来，他的母亲一直跋涉在寻找他的路上，打过工，讨过饭，睡过桥洞，至今腿上还有被野狗咬过没有痊愈的伤口。长长的16年，他由牙牙学语的孩童成长为一个阳光帅气的青年，而母亲，也由当年的丰腴少妇衰老至如今的白发枯颜。

已是高三学生的他，怎么也想不到如电视剧一样离奇的事情会发生在自己的身上，他本能地抗拒着这些。派出所里他见到了她，相比于白领一族的养父母的雍容大气，这个如乞丐一般的妇人实在是让他亲近不起来，所以在她想抱他的时候，他下意识地躲开了，让她满怀的喜悦扑了个空。

看着她失落的样子，他虽然有点愧疚，但随即却被更大的焦躁主宰了。

他根本静不下心来听她啰唆他是怎么被丢的，他不想听这些，一点也不想听，好面子的他只是担心因为她的出现，自己以后会成

为大家指戳的笑柄、议论的焦点，那才是他不敢想象的。

他得让她死心——即便这有点残忍，因为他们实在是两个不同世界的人。

他想自己不能再一声不吭，这样太被动了，他应该主动出击才是，不然她的喋喋不休啥时候是个头？所以在她呢喃着又一次想拥抱他的时候，他彬彬有礼地伸出自己圆润光洁的手挡在身前，礼貌地说："我想您是搞错了，我不是你的孩子，我和您长得一点也不像，我绞尽脑汁也想不起来和您有什么瓜葛。我虽然不知道这究竟是怎么回事，但我想这里边一定有误会。我有父母，他们对我很好，我的生活很平静，很幸福，我不想让不相干的人来打扰我这种平静，所以您请回吧，自己照顾好自己，不要再来找我。"他对自己的这番话很满意，觉得自己像个外交家一样冷静而不失优雅。他的脸上甚至浮上了一层微笑，只是这抹笑意太冰冷，如他刚才说出的话语一般。

母亲就那样伸着枯瘦的双手愣在了那儿，泪水迅即顺着脸蜿蜒而下，喃喃地道："我的儿，你的记忆里没有妈，妈的世界里可全是你呀。若不是为了寻你，妈早就死了，哪能挨到如今，你是妈的天哪！"

母亲仿佛滴血的几句话直捣他的心窝，让他冷漠如冬眠的心突然醍醐灌顶一般地惊醒了。

看着流泪的母亲那枯槁的面容，他心里的冷硬和强势突然遁形，瘦小母亲头上的白发也仿佛化作根根钢针直刺他的心，让他感到猝不及防的愧疚和心疼，从进屋时就一直抗拒着的他终于伸出手来，拥着比自己矮一头的母亲哭出了声。

（薛小玲）

3700公里顺风车

　　学校放假，很多大学生纷纷排长队买票，坐车回家跟家人团聚。南京师范大学电气工程及自动化专业的大四学生胡蓓蕾却用实际行动实现了自己搭顺风车回家过年的壮举。从南京到自己的家乡乌鲁木齐，行程长达3700公里，24岁的胡蓓蕾花了13天搭了25辆顺风车最后成功到达家里，一时被传为佳话。这个假期对他来说，无疑是完美的，因为在路上他体验到世间的冷暖，更多的则是对他人的感激，从而证明了这个世界并没有想象的那么糟糕。

　　之所以有这样的想法，源于一部纪录片《搭车去柏林》。影片讲述了两个美籍华裔小伙子从北京一路搭顺风车88次，穿越16000多公里，最终胜利到达柏林的故事。看完纪录片，热爱行走的胡蓓蕾不断反问自己能走多远，酝酿良久之后他决定利用大学最后一个寒假实现搭顺风车回家的梦想。

　　女朋友知道他的疯狂举动后曾教训他说："你当自己是探险家呀。"但在全班同学的支持下，胡蓓蕾坚定了自己的想法，他不想把遗憾留给美丽的大学时光。于是，2010年12月25日，将睡袋、衣服、相机、饼干、地图、明信片和60元钱这些必需品以及凯鲁亚克的《在路上》装进背包后，胡蓓蕾从容地出发了。他相信一定有好心人愿意搭自己回家。此外，聪明的胡蓓蕾还在袜子里塞上一百块钱，以防遇到劫匪当做救命钱。

第一辆顺风车，胡蓓蕾在加油站被工作人员当成是坏人赶走后，走了三个多小时才搭上了一辆土渣车。当时司机看见他一个人走了这么远的路觉得怪可怜的才让他上的车，再说戴着一副斯文眼镜笑着说话的胡蓓蕾看起来也不像坏人，司机也就放松了警惕。

在宁合高速路口下车后，有了搭车经验的胡蓓蕾运气就好多了。每隔十几分钟，他就拦到一辆汽车，有普通的汽车，也有像雪佛兰、奥迪、奔驰这样比较名贵的汽车。车主们都很热情，其中一位姓陈的奥迪车主在车上跟胡蓓蕾聊得很开心，谈心事附加传授成为成功人士的方法，还给老婆打电话说交到了一位好朋友，那股兴奋劲儿让胡蓓蕾忘记了旅途的辛苦。

有一位叫作孙宏刚的车主搭了胡蓓蕾五个小时，因聊得太投入多走了一百多公里的冤枉路却不觉得后悔。知道胡蓓蕾是即将毕业的大学生，这位热心的车主还打电话联系做电气工程的朋友为胡蓓蕾推荐工作，他觉得这孩子有闯劲，做男人就是要用勇气武装自己。

12月30日，胡蓓蕾在西安三桥收费站幸运地搭上了一个新疆老乡的中巴车。他本来可以跟着老乡坐车直接回到新疆的，但注重过程的胡蓓蕾在距离兰州45公里的接驾嘴服务区断然下车，他想走更

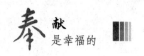

多的地方，体验不同地方的美食和风土人情，而且他越来越相信自己有把握搭到更多的顺风车。

在路上，为了省钱，胡蓓蕾一般不住旅社，大多数是在网吧或者高速公路服务区的司机休息区里度过。他说："在司机服务区，找几张凳子一拼，盖上衣服，就是一夜。"说得很豪放，似乎不把那些困难放在眼里。当然，也有遇到困难的时候，比如寒冷、饥饿、警察的怀疑等等，一些司机因为种种原因在半路将他丢下，但他都能一一化解。

2011年1月5口，胡蓓蕾在高速公路拦了好几辆车都没有车主愿意捎他，后来他才拦到一辆卡车。当时路滑，卡车滑了一百多米才停下来，风大得能把车门吹跑，车里的两位司机一位拽车门一位使劲把胡蓓蕾拉上车。到了瓜州，两位司机还请胡蓓蕾吃了一顿饭，其中一位热心的司机还想塞给胡蓓蕾一张百元大钞，被胡蓓蕾拒绝了。他不能要别人的钱，对方已经帮自己很大的忙了，感谢还来不及呢。

1月6日，胡蓓蕾在吐鲁番拿出写有"乌鲁木齐"的纸牌，成功搭上何师傅的帕萨特，这是他在旅途中搭的最后一辆顺风车。晚上8点，胡蓓蕾回到家吃上了热乎乎的水饺，给了家人一个特大的惊喜。

在路上，胡蓓蕾学到了很多，他看到了人与人之间的信任，心理承受能力得到了加强，与陌生人的沟通能力也得到了很大提升，他还懂得用写好的明信片送给司机回报他们对他的恩情。总之，一路上他目睹了许多好人好事，收获了无数感动，从而丰富了自己的人生经历，这一切看起来真是太有趣了。

事后，胡蓓蕾在博客中写道：25辆车子，无数的好心人，是你们让我相信在自己的天空可以飞得更高更远。如果真心想做一件事，全世界都会来帮你。不要让你的想法永远只是个想法。

今后，胡蓓蕾要走的路还很长，但我们相信他一定能够在广阔的天空中自由翱翔，做一个真实的自己。有了想法，就应该勇敢付出，要相信，在追逐梦想的过程中，除了自己还有一大群热心人士，他们在背后为你呐喊助威，或者伸出那只宝贵的手，助你前行。

（薛臣艺）